少儿安全礼仪早知道

灾害来了
我不怕

郭珣/编

U0311233

远方出版社

图书在版编目（CIP）数据

灾害来了我不怕 / 郭珣编. – 呼和浩特：远方出版社, 2020.11

ISBN 978-7-5555-1494-7

Ⅰ.①灾… Ⅱ.①郭… Ⅲ.①灾害—自救互救—儿童读物 Ⅳ.①X4-49

中国版本图书馆 CIP 数据核字(2020)第 177246 号

灾害来了我不怕
ZAIHAI LAI LE WO BU PA

编　　者	郭　珣
责任编辑	奥丽雅
责任校对	萨日娜
封面设计	宋双成
版式设计	欣　颖
出版发行	远方出版社
社　　址	呼和浩特市乌兰察布东路 666 号　邮编 010010
电　　话	（0471）2236473 总编室　2236460 发行部
经　　销	新华书店
印　　刷	清苑县永泰印刷有限公司
开　　本	170mm × 240 mm　1/16
字　　数	109 千
印　　张	12
版　　次	2020 年 11 月第 1 版
印　　次	2020 年 11 月第 1 次印刷
印　　数	1— 10 000 册
标准书号	ISBN 978-7-5555-1494-7
定　　价	29.80 元

如发现印装质量问题，请与出版社联系调换

宋代文学家苏轼的一首词中说，"月有阴晴圆缺，人有悲欢离合。"无论是天灾还是人祸，灾害总是难以避免的。

灾害发生时，我们该如何应对呢？是惊慌失措、惶惶不可终日，还是积极自救？虽然人固有一死，但不要做无谓的牺牲，要显示出生命的意义与力量。当我们面对生活中的每一次灾难时，都要把它当成一种对智慧与意志的考验。既然是这样，我们就要乐观地面对生活。

"天无绝人之路"，在寻求外援、等待救助的时刻，更重要的是要积极想办法自救。

世界上的灾害种类很多，有气象灾害、海洋灾害、地质灾害、洪水灾害、森林灾害、植物病虫灾害、瘟疫灾害等，灾害发生的频率高、危害大、损失多，给人类的生产和生活带来巨大的负面影响，令人深恶痛绝。

虽然我们面临的各种灾害是可怕的，但是我们不能害怕和恐惧，不能被它们吓倒。在灾害面前，我们不是无能为力的。

正所谓"一物降一物"，各种灾害虽然危害巨大，但是都有其特点和产生的原因。"知己知彼，百战不殆"，只要我们学习了有关灾害的常识，掌握了预测、防范和自救的方法，就拥有了战胜灾害的武器，就能够克敌制胜。

既然"人定胜天"，那么人就能够战胜各种灾害。基于这种信念，当我们在面临灾害时，既不要怨天尤人也不可自暴自弃，而是要沉着冷静、平心静气、积极自救。

《灾害来了我不怕》就是一本专门介绍各种灾害产生的原因、特点、危害及应对措施的书籍。它能够帮助大家防范灾害和遇灾自救，为大家的日常生活服务，是居家出行的指南与帮手！

目录
Contents

第三章 环境灾害与环保

漫画角色介绍

聪聪

聪明伶俐，喜爱阅读，知识丰富，能排忧解难，具有领导能力。

丽丽

身材苗条，爱挑食，特爱美，喜欢穿漂亮的公主裙，古灵精怪。

乐乐

天真，活泼，可爱，贪玩，爱睡懒觉，喜爱美食，喜欢与笨笨熊打趣，是大家的开心果。

笨笨熊

憨厚，呆萌，可爱，爱吃蜂蜜，经常由于自己的无知而闹出笑话。

小虎

虎头虎脑，喜爱武术，经常运动健身；坚强，勇敢，极富正义感，喜爱打抱不平。

第一章

气象灾害
要防护

可怕的灾害

　　小朋友，你知道什么是旱灾吗？你经历过旱灾吗？旱灾是指因气候严酷或不正常的干旱而形成的气象灾害。它一般是指因土壤水分不足，农作物水分平衡遭到破坏，导致减产或歉收，从而带来粮食问题，甚至引发饥荒的自然灾害。

旱灾的成因

　　小朋友，旱灾的形成通常有以下几个原因：

★长时间无降水或降水偏少。

★地壳板块滑动漂移，导致地球表层的水分渗透流失，使地表丧失了水分。

★地表水土流失后，种植的草木被破坏了。

★天文潮汛期所致。

★水利工程缺乏或者水利

jī chǔ shè shī cuì ruò　méi yǒu hán yǎng zú gòu de shuǐ yuán
基础设施脆弱，没有涵养足够的水源。

méi yǒu shùn yìng hóng lào hé gān hàn xùn qī guī lǜ　zuò dào hóng lào shí xù
★没有顺应洪涝和干旱汛期规律，做到洪涝时蓄

shuǐ hán yǎng　gān hàn shí qǔ shuǐ diào shuǐ　cù jìn shuǐ zī yuán dòng tài píng héng
水涵养，干旱时取水调水，促进水资源动态平衡。

旱灾的后果

xiǎo péng you　hàn zāi dài lái de hòu guǒ shì kě pà de　zhǔ yào yǒu yǐ xià
小朋友，旱灾带来的后果是可怕的，主要有以下

jǐ gè fāng miàn
几个方面。

hàn zāi kě lìng rén lèi yǔ dòng wù yīn quē fá zú gòu de yǐn yòng shuǐ ér
★旱灾可令人类与动物因缺乏足够的饮用水而

sǐ wáng
死亡。

yīn tǔ rǎng shuǐ fèn bù zú　nóng zuò wù shuǐ fèn píng héng zāo dào pò huài
★因土壤水分不足，农作物水分平衡遭到破坏，

dǎo zhì jiǎn chǎn huò qiàn shōu cóng ér dài lái liáng shi wèn tí　shèn zhì yǐn fā jī huāng
导致减产或歉收，从而带来粮食问题，甚至引发饥荒。

hàn zāi hòu róng yì fā shēng huáng zāi　jìn ér yǐn fā
★旱灾后容易发生蝗灾，进而引发

gèng yán zhòng de　jī huāng dǎo zhì shè huì dòng dàng
更严重的饥荒，导致社会动荡。

植树造林

我们知道,树木可以防沙固土。每年的3月12日是植树节,我们要积极主动地参加植树造林活动。平时要爱护花草树木,不践踏草坪,不攀摘树枝。

节约用水

小朋友,平时我们要养成节约用水的好习惯,用水后要及时关闭水龙头,水龙头坏了要及时修理;要想办法循环用水,反复利用,比如用淘米水洗菜,用洗衣水拖地、冲厕所等。

我们要养成好习惯,保护环境,节约资源,当个"环保小卫士"!

1993 年 1 月 18 日，联合国大会通过决议，将每年 3 月 22 日定为"世界水日"。

我国"国家节水标志"由水滴、手掌和地球组合变形而成：绿色圆形代表地球，象征节约用水是保护地球生态；标志的白色部分像一只手托起一滴水，手是拼音字母"J、S"的变形，寓意"节水"，鼓励公众从我做起，人人动手节约每一滴水，手又像一条蜿蜒的河流，象征滴水汇成江河。

小朋友，节约用水，从我做起，从现在做起！

1968~1973 年，非洲大旱，涉及 36 个国家，受灾人口达 2500 万，逃荒者逾 1000 万，累计死亡人数超过 200 万。其中，仅撒哈拉地区的死亡人数就超过 150 万，近 1 亿人口遭受饥饿的威胁。这是一次波及范围最广、影响最为严重的旱灾。

据资料显示，1199 年初的埃及大饥荒、1898 年的印度大饥荒和 1873 年的中国大饥荒已被列入"世界 100 灾难排行榜"，它们都是因为干旱缺水而导致千百万人死于非命。

可怕的灾害

小朋友，你知道什么是洪灾吗？你见过洪灾吗？洪灾是由于江、河、湖或水库水位猛涨，导致堤坝漫溢或溃决，使水流入境而造成的灾害。它是我国发生频率高、危害范围广、对国民经济影响最为严重的自然灾害，也是威胁人类生存的十大自然灾害之一。

洪灾的成因

小朋友，你知道洪灾是怎么产生的吗？洪灾是由于连降暴雨或暴雪，冰雪融化成雪水，导致水量过多、水位猛涨而产生的。若河洪太大，而河道又未能容纳所有来水时，洪水便会溢出河道，淹没附近的地方，造成洪灾。

洪灾的危害

小朋友，洪灾具有巨大的危害，比如淹没农田，冲垮房屋，毁坏建筑、树木，引发山体滑坡、泥石流等，过多的积水不利于地面交通，而且会危及人的生命安全和财产安全。

知识加油站

我国幅员辽阔，大约3/4的国土面积存在着不同类型和不同程度的洪水隐患。作为防洪重点的东部平原地区，在地理上有一个共同特点，就是都位于湖泊周围低洼地、江河两岸或入海口等地区。

可以这样做

登上高处

小朋友，当你发现涨水时要迅速向附近的山坡、高地、楼房、避洪台等较高的地方转移，或者立即爬上屋顶、大树、高墙等较高的地方暂避洪水。

预防触电

小朋友，要注意涨水时不可随意攀爬带电的电线杆、铁塔，也不要爬到泥坯房的屋顶。要远离高压线铁塔或者电线断头，防止触电。

面临危难时，我们只要懂得这些常识，就能最有效地保护自己哦！

喂，我在这里，快点来救我！

我要抓紧这段木头。

漂流逃生

小朋友，涨水时不要游泳逃生，可使用救生器材或迅速找门板、桌椅、木床、竹片等能漂浮的材料扎成木筏、竹筏逃生。如果被卷入洪水中，要抓住固定的或能漂浮的东西，寻找机会逃生。如果落水则屏住呼吸，就自然浮出水面了。如果被水草缠住，要慢慢解开。

积极求助

小朋友，我们在等待救援时要想方法向外传递信息，比如：白天可用镜子反光或挥动颜色鲜艳的物品，夜晚可用手电筒、蜡烛等发送求救信号。主动暴露线索有利于尽早被救援人员发现，能及时获得救助。

遭遇灾害时，我们既要积极想办法自救，又要寻求外援，这样才会增大生还的机会。

1998年夏季，中国长江流域连日持续降雨，洪水泛滥成灾，这是我国自1954年以来最大的洪水，共有29个省、市、自治区遭受灾难，受灾人数上亿，近500万所房屋倒塌，2000多万公顷土地被淹，经济损失高达1600多亿元。一方有难，八方支援。正是全国上下同心协力，才渡过了难关。

谁是"抗洪小英雄"

lián jiàng yì zhōu bào yǔ　yǐn fā le hóng zāi　xiǎo péng you　nǐ zhī dào yù

连降一周暴雨，引发了洪灾。小朋友，你知道遇

jiàn hóng shuǐ hòu gāi zěn me táo shēng ma　qǐng nǐ zǐ xì guān chá xià tú　xuǎn chū kàng

见洪水后该怎么逃生吗？请你仔细观察下图，选出"抗

hóng xiǎo yīng xióng　bìng jiǎng lì yí miàn xiǎo hóng qí

洪小英雄"，并奖励一面小红旗。

可怕的灾害

小朋友，你知道什么是风害吗？你见过风害吗？风害是由大风，主要是龙卷风或台风造成的自然灾害。风对人类生活有很多益处，可以用来发电，帮助制冷和传授植物花粉等。但是，当风速和风力达到较大级别时，风也会给人类带来灾害。

风害的成因

小朋友，你知道风害是怎么形成的吗？沿海及海岛地区的台风灾害多是机械性损害。东南沿海地区的海潮风含盐量多，常影响植物授粉和花粉管发芽。牧区的大风和暴风雪会吹散牲畜群，加重冻害。北方早春的大风常使树木出现偏冠和偏心的现象，影响树木正常发育，也影响树木修剪整形。

风害的后果

小朋友,你知道风害带来的后果吗?大风会造成少量人口伤亡、失踪,还会破坏房屋、车辆、船舶、树木、农作物以及通信设施、电力设施等。

虽然风可传播植物花粉、种子,帮助植物授粉和繁殖,但风对农业生产也会产生消极作用,如传播病原体、传播植物病虫害和输送污染物质。高空风是黏虫、稻飞虱、稻纵卷叶螟、飞蝗等害虫长距离迁飞的气象条件。大风使叶片机械擦伤、作物倒伏、树木断折、落花落果,影响产量;还会造成土壤风蚀、沙丘移动,毁坏农田。

可以这样做

yù fáng jí bìng
预防疾病

xiǎo péng you   yù dào guā fēng tiān qì shí   wǒ men jǐn liàng bú yào dào hù wài
小朋友，遇到刮风天气时，我们尽量不要到户外

qù   bì xū wài chū shí yí dìng yào dài shàng kǒu zhào   fáng shā chú chén   bǎo chí kǒu
去。必须外出时一定要戴上口罩，防沙除尘，保持口

bí wèi shēng   yù fáng hū xī dào jí bìng
鼻卫生，预防呼吸道疾病。

wǒ men píng shí jì yào zhù yì bǎo hù huán jìng   jiǎn shǎo fēng hài de fā shēng
我们平时既要注意保护环境，减少风害的发生，

yòu yào zēngqiáng jiàn kāng yì shí   zuò hǎo fáng hù cuò shī   yù fáng jí bìng o
又要增强健康意识，做好防护措施，预防疾病哦！

zhù yì ān quán
注意安全

xiǎo péng you   guā fēng tiān zài hù wài xíng zǒu shí yīng bì kāi wēi xiǎn jiàn zhù yǐ
小朋友，刮风天在户外行走时应避开危险建筑以

jí gāo céng jiàn zhù zhī jiān de dào lù děng   rú guǒ xià yǔ   tú bù shí kě chuānshàng
及高层建筑之间的道路等。如果下雨，徒步时可穿上

雨衣，学生应少使用雨伞，以免雨伞被大风吹翻；骑车的人应下车步行，以免失去控制；如果是坐大人开的车，应记得告诉大人减速慢行。不要将车辆停放在低地、桥梁、路肩及树下，以防淹水、塌方或被压损坏车辆。

寻求外援

小朋友，如果遇到紧急情况，可以拨打"110""119""120"等报警电话，以便能够及时获得救助。

遇到风害时，积极寻求外援才能化险为夷，减少损失哦！

肯定会惊奇

1997 年 11 月 25 日

至 12 月 1 日，世界气象组织台风

委员会第 30 次会议在香港举行。会议决定从

2000 年 1 月 1 日起，西北太平洋和南海的热带气旋采用

具有亚洲风格的名字命名，分别由亚太地区的中国内

地、中国香港、中国澳门、柬埔寨、朝鲜、日本、老挝、马

来西亚、密克罗尼西亚、菲律宾、韩国、泰国以及越南等

14 个国家和地区提供，每个国家和地区提供 10 个名字。

命名表共有 140 个名字，按顺序年复一年地循环使用。

中国提供的名字是："龙王""玉兔""风神""杜鹃"

"海马""悟空""海燕""海神""电母"和"海棠"。

多么优美动听又富有趣味的名字啊，我很喜欢哦！

· 17 ·

你了解台风吗

当海洋温度超过26℃时，热空气会膨胀上升，四周冷空气便过来补充，冷热空气运动时会旋转。上升热空气膨胀变冷会凝结水滴放热，低层空气不断上升，当空气旋转猛烈时就形成了台风。

台风是沿海地区常见的自然灾害，既会摧毁建筑和庄稼，又会使海水出现风暴巨浪，威胁航海安全。

但它也有益处，不仅能带来丰沛降水，促进热能流动，使地球保持热平衡，而且能将海底的营养物质卷上来，吸引鱼群聚集，增加捕鱼量。

哇！原来台风有利有弊，我们要懂得这些常识呀！

你知道"龙卷风"吗

龙卷风是由两股空气强烈对流运动而产生的强风涡旋，伴随高速旋转的漏斗状云柱，很像蛟龙。龙卷风上部是乌黑的积雨云，下部是漏斗状云柱，形状如大象鼻子。龙卷风能将湖或海里的水卷入空中，形成高高的水柱，俗称"龙吸水"。

龙卷风的风速快，风力强，破坏性大，常拔起大树、掀翻车辆、摧毁建筑物，还能把人吸走。美国是发生龙卷风最多的国家。

龙卷风太吓人啦，它的危害可真大呀！

南风和北风比赛
nán fēng hé běi fēng bǐ sài

《拉封丹寓言》中讲述了南风和北风比赛的故事：

北风和南风比威力，看谁能把行人身上的大衣脱掉，并请来太阳公公做裁判。北风性子急躁，抢先说："南风兄，这太简单了，我先来。"于是，北风使足全身力气，呼呼地使劲吹，试图把行人身上的衣服吹掉。

北风寒冷刺骨，行人为了抵御寒气，紧紧裹住身上的衣服，一件也没脱掉。北风吹了一阵，累得直喘气。

南风走过来说："北风兄，你累了，瞧我的。"南风徐徐吹动，和煦的阳光，温柔的微风，使行人感觉暖洋洋的，不一会儿就冒汗了，自然就解开衣扣，脱掉大衣。

于是，太阳公公宣布南风获胜。

qiū tiān qì wēn jiàng dī le　　yǒu yì tiān　　hù wài guā qǐ le dà fēng
秋天，气温降低了。有一天，户外刮起了大风。

xiǎo péng you　qǐng nǐ zǐ xì guān chá xià miàn de tú huà　píng xuǎn chū　fáng fēng xiǎo dá
小朋友，请你仔细观察下面的图画，评选出"防风小达

rén　bìng jiǎng lì yì duǒ xiǎo hóng huā
人"，并奖励一朵小红花。

遇见冻害怎么办
yù jiàn dòng hài zěn me bàn

可怕的灾害

小朋友，你知道什么是冻害吗？冻害是一种农业气象灾害，就是0℃以下的低温使农作物体内结冰，对农作物造成伤害。经常发生的有越冬作物冻害、果树冻害和经济林木冻害等。

冻害的成因

小朋友，你知道冻害是怎样形成的吗？一般而言，冻害的产生与降温速度、低温的强度和持续时间、低温出现时的天气状况、气温日较差及各种气象要素之间的配合有关。在植株组织处于旺盛分裂的增殖时期，即使气温短时期下降，植物也会受害；相反，休眠时期的植物体则抗冻性强。

冻害的后果

小朋友，你知道冻害的后果吗？冻害对农业威胁很大，会冻死农作物，导致经济损失。当然，冻害发生时，也会使人或动物受到冻伤而产生肌肉腐烂的现象。

可以这样做

保暖防冻

小朋友，当严寒来临时，我们要吃饱穿暖，保持适宜的体温，不要受凉感冒。要注意戴帽子和手套，棉鞋里垫上厚鞋垫，穿上厚棉袜，不要用冰冷的水洗手，以免使耳朵、手和脚受冻而引发冻伤。

植物防冻

在天气寒冷时，我们要注意给农作物和树木保暖防冻。多埋土、涂上石灰、捆绑稻草、盖上薄膜等都是不错的方法。

肯定会惊奇

冷害也是一种农业气象灾害。在农作物生长季节，0℃以上的低温也会对作物造成损害，因此又称"低温冷害"。冷害使作物生理活动受到障碍，严重时会使某些组织遭到破坏。由于冷害是在气温0℃以上，有时甚至是在接近20℃的条件下发生的，作物受害后，外观无明显变化，故有"哑巴灾"之称。

身体防冻小妙招

冬天来了，寒风凛冽刺骨，如果不注意保暖，就容易受冻着凉患感冒，还可能使手、脚和耳朵等部位生冻疮。小朋友，快来看看防冻小妙招吧！

★ 戴厚手套、护耳帽，穿厚棉袜。

★ 早晚用热水洗手、泡脚。

★ 空闲时揉搓手指，直到双手发热，血脉流通。

★ 在入冬前一个月，多吃含维生素A、维生素C及矿物质的食物，提高机体耐寒力。

哇！防冻妙招可真多呀！小朋友，总有一款适合你哟！

dōng jì qì hòu yán hán yào zhù yì bǎo nuǎn fáng dòng xiǎo péng you qǐng nǐ
冬季气候严寒，要注意保暖防冻。小朋友，请你
zǐ xì guān chá xià miàn de tú huà píng xuǎn chū fáng dòng xiǎo yī shēng bìng jiǎng lì
仔细观察下面的图画，评选出"防冻小医生"，并奖励
yì dǐng jīn huángguān
一顶金皇冠。

遇见雪灾怎么办

可怕的灾害

小朋友，你知道什么是雪灾吗？你见过雪灾吗？雪灾是因长时间大量降雪而造成大范围积雪成灾的自然现象，是一种自然灾害。通常有雪崩、风雪流和牧区雪灾3种类型。

雪灾的成因

小朋友，你知道雪灾是如何形成的吗？由于长时间大范围降雪，积雪过多就造成了雪灾。

雪灾的后果

　　xiǎo péng you　　xuě zāi de wēi hài jí dà　　bù jǐn huì shǐ rén hé dòng wù dòng
　　小朋友，雪灾的危害极大，不仅会使人和动物冻

shāng nóng zuò wù dòng sǐ　　hái huì huǐ huài fáng wū　　zǔ ài jiāo tōng　　bào fēng xuě huì
伤，农作物冻死，还会毁坏房屋，阻碍交通。暴风雪会

zào chéng duō chù tiě lù　　gōng lù　　mín háng jiāo tōng zhōng duàn　　yòng diàn zhōng duàn　　diàn
造成多处铁路、公路、民航交通中断，用电中断，电

xìn　　tōng xìn　　gōng shuǐ　　qǔ nuǎn dōu huì shòu dào bù tóng chéng dù de yǐng xiǎng　　cǐ
信、通信、供水、取暖都会受到不同程度的影响。此

wài　　róng xuě liú rù hǎi zhōng　　duì hǎi yáng shēng tài yě huì zào chéng wēi xié　　huì chū
外，融雪流入海中，对海洋生态也会造成威胁，会出

xiàn dà liàng yú qún bào bì de shì jiàn
现大量鱼群暴毙的事件。

饮食御寒

小朋友，在冬季要多吃温热的、有御寒功效的活血食物，如羊肉、虾、枸杞、韭菜等；多吃芝麻、葵花子、乳制品等含蛋氨酸较多的食物；多吃动物肝脏、胡萝卜、深绿色蔬菜等含维生素A的食物，以及含维生素C的新鲜水果和蔬菜等；多喝牛奶，多吃豆制品、海带等含钙丰富的食物。此外，不吸烟，避免摄入咖啡、浓茶、可乐等含咖啡因的食物。冬季炒菜时多放些油，多吃荤菜，增加脂肪摄入量。此外，多喝热汤也能御寒。

保暖御寒

天气严寒，要多穿保暖的衣服，穿保暖内衣、毛衣毛裤或棉衣棉裤，最好穿上羽绒服，穿厚棉袜，戴厚手套、帽子，全副武装，保暖御寒。

运动御寒

不要长时间地静坐读书、看电视或使用电脑，要多运动，通过活动健身。多做伸缩手指、手臂绕圈、扭动脚趾等暖身运动。

哈哈，在严寒季节多吃温热食物，穿厚衣保暖，坚持运动健身，防冻御寒没问题哟！

暴雪天气不仅要注意保暖御寒，而且要注意安全，尽量不要外出。外出时要特别注意远离广告牌、临时建筑物、大树、电线杆和高压线塔架，以免它们被暴雪压垮或受暴雪腐蚀导致生锈损坏。路过桥下、屋檐等处，要小心观察或者绕道走，当心被掉落的冰凌砸伤，它们在重力加速度的作用下杀伤力不亚于刀剑。

肯定会惊奇

zài dōng jì xǐ zǎo shuǐ wēn bù yí tài gāo zuì hǎo bú yòng xiāng zào jǐn liàng
在冬季洗澡,水温不宜太高,最好不用香皂,尽量

yòng hán yǒu zī rùn chéng fèn de yù yè xǐ zǎo hòu yīng tú mǒ hán yǒu bǎo shī chéng
用含有滋润成分的浴液。洗澡后应涂抹含有保湿成

fèn de rùn fū gāo rú fán shì lín děng zài xiāo sè hán lěng de dōng jì yào duō
分的润肤膏,如凡士林等。在萧瑟寒冷的冬季,要多

shài tài yáng yīn wèi néng jiè zhù yáng guāng hé chéng tǐ nèi de wéi shēng sù yǒu lì
晒太阳,因为能借助阳光合成体内的维生素D,有利

yú bǔ gài
于补钙。

hā hā zài dōng jì lián xǐ zǎo dōu yǒu jiǎng jiu shēng huó zhōng chù chù dōu yǒu
哈哈,在冬季连洗澡都有讲究,生活中处处都有

xué wen ya
学问呀!

你知道雪崩的危害吗

雪崩是山坡积雪向下滑动，引起大量雪体崩塌的现象，是积雪山区的严重自然灾害，具有突发性、速度快、破坏力强等特点，对登山者具有严重威胁。雪崩时产生的气浪更可怕，能摧毁房屋、树木，还会使人窒息死亡。雪崩不仅威胁居民和旅游者的生命安全，而且能摧毁森林，掩埋房舍，破坏交通，堵截河流，造成临时性涨水；还能引起山体滑坡、山崩和泥石流。

雪崩太危险啦！小朋友，下雪时千万不要去登山哦！

小朋友，你知道冰雹的危害吗？冰雹是从强烈发展的积雨云中降落下来的冰粒。冰雹云是由水滴、冰晶和雪花组成的，分3层：最下层由水滴组成，温度在0℃以上；中间由冷却后的水滴、冰晶和雪花组成，温度为0℃至-20℃；最上层由冰晶和雪花组成，温度在-20℃以下。

冰雹是未溶解的固态水，雨水是溶解后的液态水。冰雹多出现在暖空气活跃、冷空气活动频繁的4~10月，我国降雹多发生在春、夏、秋三季。

雹灾是较严重的灾害之一，猛烈的冰雹能击毁庄稼，损坏房屋，砸伤人和牲畜。特大冰雹具有强大杀伤力，能致人死伤、毁坏农田和树木、摧毁建筑物和车辆。

云移方向

冰雹生长区（冰晶-冰粒-冰雹）

-20℃

0℃

下沉气流

上升气流

冰雹形成

出现雹害怎么办
chū xiàn báo hài zěn me bàn

可怕的灾害

小朋友，你见过冰雹吗？它是什么样子的？冰雹是从发展旺盛的积雨云中降落的一种固态水。雹害，是由于降雹给农业生产造成了直接或间接危害，是一种农业气象灾害。

雹害的成因

冰雹是在对流云中形成的。水汽上升遇冷后，凝结成小水滴，随着高度增加，温度降到0℃以下时，水滴就会凝结成冰粒。继续上升的冰粒会吸附周围的小冰粒和水滴，变得越来越大，越来越重。当上升的气流无法承载时，这些冰粒就成为冰雹，落到地面。

雹害的后果

小朋友，你知道雹害的后果吗？冰雹具有极大的危害，能使农作物的叶片、茎秆和果实遭受机械性损伤，引起作物的各种生理障碍，诱发病虫害；降雹会造成土壤板结；雹块内的温度在0℃以下，会导致农作物遭受冻害。另外，冰雹对牲畜和农业设施也有一定的危害。冰雹每年都给农业、建筑、通信、电力、交通以及人们的生命财产带来巨大损失。

雹害太恐怖啦！千万要注意防范哦！

预测冰雹

小朋友，冰雹危害极大，如果我们学会观察天象，就能预测冰雹天气了，比如：早晨凉，湿度大，中午太阳光照强烈，空气对流旺盛，容易形成冰雹；下雹前常出现大风，风向变化强烈。此外，还可以通过物象预测冰雹，民间有"鸿雁飞得低，冰雹来得急""柳叶翻，下雹天""牛羊中午不卧梁，下午冰雹要提防"等谚语。掌握预测冰雹的方法，能防范雹害哦！

躲避冰雹

小朋友，在冰雹天气最好不外出。出门在外遇冰雹时要打伞，或者用衣物遮挡头部，也可就近到房间内躲避。

知识加油站

冰雹结构坚实，大小不等，小如绿豆、黄豆，大似栗子、鸡蛋，特大冰雹甚至比柚子还要大。冰雹的形状也不规则，大多数呈椭球形或球形，还有锥形、扁圆形，不规则的冰雹也较常见。

小朋友，冰雹很坚硬，遇见它要赶紧护头躲避哟！

中国是冰雹灾害频繁发生的国家，降冰雹最多的地区是青藏高原。

1788年7月13日，法国遭到冰雹袭击，冰雹以十几千米的宽度、每小时70千米的速度先后两次从西南向东北席卷整个法国。冰雹所经之处，树枝被砸断，庄稼被毁，家畜被击毙，林中走兽灭迹。

1896年，奥地利一个葡萄酒生产商用火炮阻止冰雹取得成功。第二次世界大战后，意大利人发明了用火箭阻止冰雹的方法。

哈哈，冰雹虽然危害大，但聪明的人总会想办法攻克它！

可怕的灾害

小朋友，你听过雷声吗？你见过雷击吗？雷击是雷电发生时，由于强大电流的通过而杀伤或破坏人、畜、树木或建筑物等的现象。雷电对万物造成的危害都可以称为"被雷击"。

雷击的成因

一部分带电的云层与另一部分带异种电荷的云层，或者是带电的云层对大地迅猛放电。这种迅猛的放电过程产生强烈的闪电并伴随巨大的声音，就是电闪雷鸣。

雷击的危害

xiǎo péng you　　nǐ zhī dào léi jī de
小朋友，你知道雷击的

wēi hài ma　　léi jī zào chéng yún céng zhī jiān de fàng diàn huì
危害吗？雷击造成云层之间的放电会

duì fēi xíng qì yǒu wēi hài　　duì dì miàn shàng de jiàn zhù wù hé rén　　chù
对飞行器有危害，对地面上的建筑物和人、畜

yǐng xiǎng bú dà　　dàn yún céng duì dà dì de fàng diàn　　zé duì jiàn zhù wù　　diàn zǐ
影响不大。但云层对大地的放电，则对建筑物、电子

diàn qì shè bèi hé rén　　chù wēi hài shèn dà　　léi diàn zāi hài shì lián hé guó　　guó
电气设备和人、畜危害甚大。雷电灾害是联合国"国

jì jiǎn zāi shí nián　　kē jì wěi yuán huì gōng bù de zuì yán zhòng de shí zhǒng zì rán zāi
际减灾十年"科技委员会公布的最严重的十种自然灾

hài zhī yī　　zuì xīn tǒng jì zī liào biǎo míng　　léi diàn zào chéng de sǔn shī yǐ jīng shàng
害之一。最新统计资料表明，雷电造成的损失已经上

shēng dào zì rán zāi hài de dì sān wèi　　quán qiú měi nián yīn léi jī zào chéng de rén
升到自然灾害的第三位。全球每年因雷击造成的人

yuán shāng wáng　　cái chǎn sǔn shī bú jì qí shù
员伤亡、财产损失不计其数。

居家避雷

小朋友，在家遇打雷时要注意预防雷电灾害：首先要关好门窗，离开进户的金属水管和与屋顶相连的下水管；尽量不拨打、接听电话，不使用电话上网，应拔掉电源和电话线及电视天线等可能将雷击引入的金属导线；避开电线，不站在灯泡下，最好是断电或不使用电器；在雷雨天气不要使用太阳能热水器洗澡；不将晒衣服、被褥用的铁丝接到窗外、门口，以防铁丝引雷。

哦，原来在家中也要注意防范雷击呀！

户外避雷

小朋友，在户外遇雷雨天气时不要站着，应蹲下，两脚并拢减少跨步电压带来的危害；不要站在大树下，不用手扶大树；不在孤立的凉亭、草棚避雨久留；不在水边和洼地停留；不站在楼顶、山顶或接近其他易导电物体，应迅速到干燥的室内避雨，可就近到山洞或山岩下避雨；不拿金属物品在雷雨中停留，随身携带的金属物品应放在5米外的地方；在雷雨中不宜打伞，不将羽毛球拍扛在肩上；出门穿绝缘胶鞋，不骑摩托车，不骑自行车，不将头和手伸出汽车窗外。

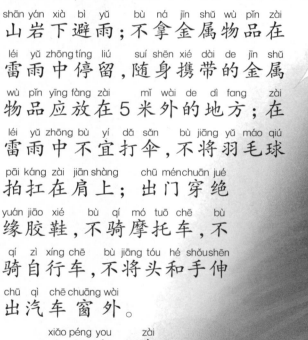

小朋友，在户外尤其要注意防范雷击哦！

肯定会惊奇

雷电交加时,空气中的部分氧气被激变成臭氧。臭氧能吸收宇宙射线,使地球表面的生物免遭紫外线过量照射的危害。闪电产生的高温可杀死大气中90%以上的细菌和微生物,使空气变得清新宜人。

大气中含有78%的不能被作物直接吸收的游离氮。发生闪电时,电流高达10万安培,空气分子被加热到3万摄氏度以上,使大气中不活泼的氮与氧化合成二氧化氮。大雨将二氧化氮溶解成稀硝酸,随雨水降落地面与其他物质化合,变成作物可以直接吸收的氮肥。据测算,全球每年由雷雨"合成"的氮肥约有20亿吨。

哈哈,虽然雷击危害大,但是打雷下雨也有好处哦!

你会安全避雨吗

xiǎo péng you　nǐ zhī dào ān quán bì yǔ de cháng shí ma　qǐng nǐ zǐ xì guān

小朋友，你知道安全避雨的常识吗？请你仔细观

chá xià miàn de tú huà　gěi zhèng què bì yǔ de xiǎo huǒ bàn jiǎng lì yí miàn xiǎo hóng qí

察下面的图画，给正确避雨的小伙伴奖励一面小红旗。

遭遇雷击这样救

2018年8月1日下午，云南省丘北县天星乡扭保村民委小坡村小组发生一起雷击事件，造成4名儿童死亡，3名儿童受伤。事发当日下午，7名儿童到扭保养殖场后山上捡菌子，雷电暴雨来临时，7名儿童一起到树下避雨，结果遭遇不幸。夏季是雷雨高发的季节，请家长务必提醒孩子：千万不能在大树下躲避雷雨！

身边有人遭遇雷击，及时拨打120求助，但在等待的时间里千万不能什么都不做。被雷击中者通常会心脏停跳、呼吸停止，这是一种雷击"假死"的现象。将受害者转移到安全环境后，第一时间做胸外心脏按压和人工呼吸，并拨打120，直到救护人员到来。此外，要注意给伤者保温。若受伤者有狂躁不安、痉挛抽搐等症状时，还要为其做头部冷敷。对被电灼伤的局部，在急救条件下，只需保持干燥或包扎即可。

雷电冲击波对人体的伤害是迟发性的。遭雷击后，就算自我感觉没事，也最好去医院做检查。

遇见海雾怎么办

yù jiàn hǎi wù zěn me bàn

可怕的灾害

小朋友，你知道什么是海雾吗？海雾就是在海洋影响下生成于海上或海岸区域的雾。沿海地区每到春暖花开、由冷转暖的时候，经常会出现迷迷蒙蒙像毛毛雨的天气，能见度显著降低，甚至相距几米也难见踪影，这就是海雾。

海雾的成因

小朋友，你知道海雾是怎样形成的吗？依成因不同，可把海雾分成平流雾、混合雾、辐射雾和地形雾。

平流雾

平流雾是因空气平流作用在海面上生成的雾。

混合雾

海上风暴产生的空中降水的水滴蒸发，使空气中的水汽接近或达到饱和状态，这种空气与从高(低)纬度来的冷(暖)空气混合冷却而形成的雾，是混合雾。

辐射雾

因辐射冷却而在浮膜、盐层、海面覆冰或巨大冰山面上生成的雾就是辐射雾。

地形雾

空气爬越岛屿的过程中冷却而形成的雾和产生于海岸附近、夜间随陆风漂移而蔓延于海上的雾都是地形雾。空气层结的改变，可使海雾升高变为层云，也可使层云降低变成海雾。

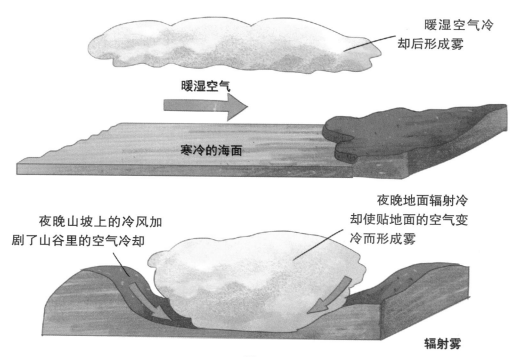

暖湿空气冷却后形成雾

暖湿空气

寒冷的海面

夜晚山坡上的冷风加剧了山谷里的空气冷却

夜晚地面辐射冷却使贴地面的空气变冷而形成雾

辐射雾

海雾的危害

小朋友，你知道海雾的后果和危害吗？船员或渔民在海上航行时，看不清海面的状况，常因海雾而受阻，甚至会造成海难。

可以这样做

小朋友，我们平时要注意听天气预报，学会观察天象，准确地预测天气，遇到海雾天气时千万不要出海航行，以免发生危险。

全球各海区的海雾类型虽然很多，但其中范围大、影响严重的海雾以中高纬度大西洋的纽芬兰岛为中心和以北太平洋千岛群岛为中心的两个带状雾区最显著，南印度洋以爱德华王子群岛为中心的带状雾区也很突出。这些海域的海雾多在春夏盛行，尤其夏季最多。不仅雾浓，而且持续时间长，严重的海雾可持续1~2个月。此外，我国的渤海、黄海、东海和南海的海雾分布不均，出现季节也不一样。

纽芬兰岛

千岛群岛

xiǎo péng you   nǐ zhī dào hǎi wù fēn wéi nǎ jǐ zhǒng ma   qǐng nǐ guān chá xià
小朋友，你知道海雾分为哪几种吗？请你观察下

tú   zài bù tóng hǎi wù de tú huà xià xiě chū xiāng yìng de míngchēng ba
图，在不同海雾的图画下写出相应的名称吧。

神秘的厄尔尼诺现象

可怕的灾害

小朋友,你知道什么是厄尔尼诺现象吗?厄尔尼诺现象是指赤道东太平洋南美沿岸海水温度激烈上升的现象,是一种反常的自然现象。在圣诞节前后,附近的海水比往常温暖,不久便会天降大雨,并伴有海鸟结队迁徙等怪现象发生。因为这种现象经常发生在圣诞节前后,所以当地人将其称为"圣婴现象",中文译为"厄尔尼诺现象"。

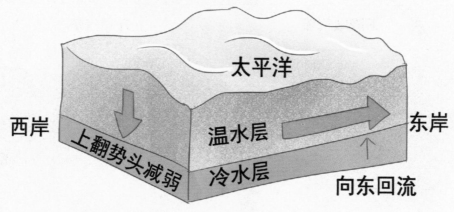

太平洋

西岸　东岸

上翻势头减弱　温水层

冷水层

向东回流

厄尔尼诺现象的成因

小朋友,通常热带太平洋区域的季风洋流从美洲走向亚洲,使太平洋表面保持温暖,给印度尼西亚周围带来热带降雨。这种模式每2~7年被打乱一次,使风向和洋流发生逆转,太平洋表层的热流往东走向美洲,随之带走了热带降雨,出现了"厄尔尼诺现象"。

据美国科学家的最新研究,厄尔尼诺现象可能是由于水下火山熔岩喷发引起的。熔岩从大洋底部地壳断层喷出,将巨大的热量传给赤道附近的太平洋海流,使海水增温变暖,从而导致东太平洋海区水温及海流方向的异常。

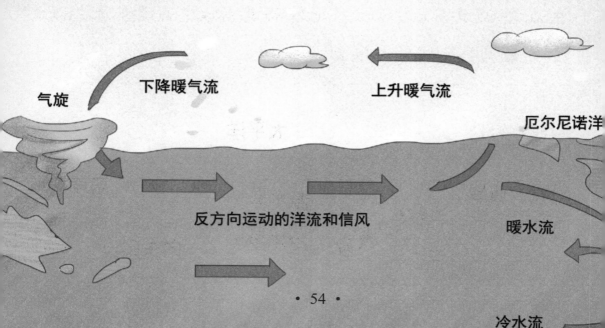

气旋　　下降暖气流　　　　上升暖气流

厄尔尼诺洋

反方向运动的洋流和信风

暖水流

冷水流

厄尔尼诺现象的后果

xiǎo péng you　měi gé shù nián　dōng nán xìn fēng jiǎn ruò　dōng tài píng yáng lěng shuǐ
小朋友，每隔数年，东南信风减弱，东太平洋冷水

shàng fān xiàn xiàng xiāo shī　biǎo céng nuǎn shuǐ xiàng dōng huí liú　dǎo zhì chì dào de dōng tài
上翻现象消失，表层暖水向东回流，导致赤道的东太

píng yáng hǎi miàn shàng shēng　hǎi miàn shuǐ wēn shēng gāo　bì lǔ　è guā duō ěr yán àn
平洋海面上升，海面水温升高，秘鲁、厄瓜多尔沿岸

yóu lěng yáng liú zhuǎn biàn wéi nuǎn yáng liú　xià céng hǎi shuǐ zhōng de wú jī yán lèi yíng
由冷洋流转变为暖洋流。下层海水中的无机盐类营

yǎng chéng fèn bú zài yǒng xiàng hǎi miàn　dǎo zhì dāng dì fú yóu shēng wù dà liàng sǐ wáng
养成分不再涌向海面，导致当地浮游生物大量死亡，

yú yě yīn dé bú dào shí wù ér dà liàng sǐ wáng　yǐ yú wéi shí de hǎi niǎo yě miàn
鱼也因得不到食物而大量死亡，以鱼为食的海鸟也面

lín sǐ wáng huò qiān xǐ de wèn tí
临死亡或迁徙的问题。

è ěr ní nuò xiàn xiàng wǎng wǎng huì dài lái gān hàn　hóng shuǐ děng zāi hài
厄尔尼诺现象往往会带来干旱、洪水等灾害。

小朋友，我们平时要注意多收听天气预报，关注天气的异常变化；要多阅读科普书籍，学习并掌握有关气象观测的知识，认真观察天象，判断天气情况。在厄尔尼诺现象发生期间不要出海航行，以免因天气异常而遭遇不幸。

1972年，全球天气异常，与当年厄尔尼诺暖流特别强大有关。中国发生了1949年以来最严重的一次全国性干旱，非洲突尼斯出现了200年一遇的特大洪水，秘鲁出现了40年来最严重的水灾。1982年底，再次出现厄尔尼诺暖流，东太平洋近赤道地区的海水异常增温，范围越来越大，圣诞节前后栖息在圣诞岛上的1700多只海鸟不知去向，秘鲁大雨滂沱，洪水泛滥。

1983年，厄尔尼诺现象波及全球，美洲、亚洲、非洲和欧洲都连续发生异常天气。厄尔尼诺现象会产生毁灭性的影响，既可能在拉丁美洲引发洪水，也可能导致澳大利亚出现干旱或印度的农作物歉收等问题。

厄尔尼诺现象又称"圣婴现象"，与《西游记》里的"圣婴大王"红孩儿一样，喜欢调皮捣蛋干坏事哦！

xiǎo péng you   nǐ zhī dào è ěr ní nuò xiàn xiàng ma   nǐ zhī dào è ěr ní

小朋友，你知道厄尔尼诺现象吗？你知道厄尔尼

nuò xiàn xiàng yǒu shén me hòu guǒ ma   gǎn jǐn zài tú shàng tián xù hào ba

诺现象有什么后果吗？赶紧在图上填序号吧。

yóu yú shuǐ wēn gāo   fú yóu shēng wù jiǎn shǎo

1. 由于水温高，浮游生物减少。

yú dé bú dào shí wù ér dà liàng sǐ wáng

2. 鱼得不到食物而大量死亡。

yǐ yú wéi shí de hǎi niǎo yě miàn lín sǐ wáng huò qiān xǐ de wèn tí

3. 以鱼为食的海鸟也面临死亡或迁徙的问题。

hǎi shuǐ wēn dù jī liè shàngshēng   yú ér shēngzhǎngwàngshèng

4. 海水温度激烈上升，鱼儿生长旺盛。

奇妙的拉尼娜现象
qí miào de lā ní nà xiàn xiàng

可怕的灾害

小朋友，你知道什么是拉尼娜现象吗？拉尼娜现象是赤道附近东太平洋水温反常下降的一种现象，表现为东太平洋明显变冷，同时也伴随着全球性气候混乱。拉尼娜现象总是出现在厄尔尼诺现象之后，它与厄尔尼诺现象刚好相反，因此拉尼娜现象又被称为"圣女现象""反厄尔尼诺现象"或"冷事件"。

厄尔尼诺
弱东风
亚洲大陆　温暖海水　美洲大陆
冷海水

拉尼娜
东风加强
亚洲大陆　温暖海水　美洲大陆
冷海水

拉尼娜现象的成因

小朋友，你知道拉尼娜现象是怎样形成的吗？厄尔尼诺与赤道中、东太平洋海温的增暖和信风的减弱相联系，而拉尼娜却与赤道中、东太平洋海温的变冷和信风的增强有关，实际上它是热带海洋和大气共同作用的产物。

海洋表层的运动主要受海表面风的牵制。信风使大量暖水被吹送到赤道西太平洋地区，赤道东太平洋地区的暖水被刮走，主要靠海面以下的冷水补充，因此，赤道东太平洋海温明显偏低。当信风加强时，赤道东太平洋深层海水上翻现象更加剧烈，导致海表温度异常降低，使气流在赤道太平洋东部下沉而在西部上升的运动加剧，引发了"拉尼娜现象"。

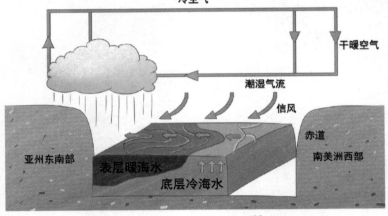

拉尼娜现象的后果

小朋友，你知道拉尼娜现象的后果和危害吗？拉尼娜现象对赤道附近的太平洋东西岸的影响：东岸更干旱，西岸更潮湿，易引发洪涝。此外，还会造成全球气候异常。

在拉尼娜现象的影响下，赤道东太平洋水温偏低，东亚经向环流异常，造成入春以来中国北方地区偏北气流盛行，而东南暖湿气流相对较弱。北方强寒潮大风频繁出现，而降雨量却持续偏少，气温居高不下，北方地区还会连续出现大风天气，土借风势，随即形成沙尘暴。

保护环境

小朋友，每年的3月12日是植树节，我们要积极主动地参加植树造林活动。平时多植树，照料小树苗，爱护花草树木，可以防沙固土，阻挡大风的侵袭，预防沙尘暴。

听天气预报

小朋友，我们平时要多收听天气预报，关注天气变化，学习并掌握有关气象观测的知识，及时准确地获知天气情况。在拉尼娜现象发生期间尽量不出门，以免遭遇不幸。

厄尔尼诺和拉尼娜是赤道中、东太平洋海温冷暖交替变化的异常表现，海温的冷暖变化过程构成一种循环，在厄尔尼诺之后会发生拉尼娜，同样，拉尼娜后也会接着发生厄尔尼诺。厄尔尼诺出现的频率多于拉尼娜，强度也大于拉尼娜。厄尔尼诺与拉尼娜相互转变需要大约4年的时间。

厄尔尼诺现象

拉尼娜现象

厄尔尼诺和拉尼娜是什么关系

通常，热带太平洋区域的季风洋流从美洲走向亚洲，使太平洋表面保持温暖，给印度尼西亚周围带来热带降雨。这种模式每2～7年被打乱一次，使风向和洋流发生逆转，太平洋表层的热流转向东走向美洲，随之带走了热带降雨，出现了"厄尔尼诺现象"。

"拉尼娜现象"是指赤道附近东太平洋水温反常下降的一种现象，与厄尔尼诺现象刚好相反。

厄尔尼诺现象经常发生在年末圣诞节前后，又称"圣婴现象"；而拉尼娜现象总是出现在厄尔尼诺现象之后，又称"圣女现象"。

快过圣诞节了，我可真高兴！

太棒了！可以收到圣诞节礼物啦！

今年圣诞节前后，不会出现"圣婴现象"吧？

圣婴现象？什么意思？

就是《西游记》里的红孩儿呗，他叫圣婴大王。

"圣婴现象"又称为"厄尔尼诺现象"，常发生在年末圣诞节前后。

由于水温高、浮游生物减少，导致鱼得不到食物而大量死亡，以鱼为食的海鸟也面临死亡或迁徙的问题。

通常"圣婴现象"之后又会出现"圣女现象"。

奇怪！它与圣女有啥关系呢？

"圣女"是圣婴的妹妹，"圣女现象"又叫"拉尼娜现象"。

第二章

突发灾害
懂救助

突发火灾怎么办

tū fā huǒ zāi zěn me bàn

可怕的灾害

小朋友，你见过火灾吗？火灾是指在时间和空间上失去控制的燃烧而造成的灾害，简单地说就是房屋、城镇、森林等因失火而造成的灾害。

火灾的成因

小朋友，你知道火灾是怎样形成的吗？燃烧是可燃物与氧化剂发生的一种氧化放热反应，通常伴有光、烟或火焰。燃烧的三要素是可燃物、助燃物和着火源。只要具备了燃烧的三要素，并且在时间与空间上失去控制，就会引发火灾。

· 68 ·

火灾的后果

小朋友，火灾是无情的，会烧毁财物，烧伤人与动物，甚至危及生命。火灾弥漫的浓烟会影响咽喉，引发呼吸道疾病。火灾的危害有：一是高层建筑失火，楼道狭窄、楼层高不容易逃生，救援困难，常因人员拥挤而阻塞通道，造成互相踩踏的惨剧；二是酒店、影剧院、超市、体育馆等人员密集场所失火，常因人员慌乱、拥挤而阻塞通道，或由于逃生方法不当而造成人员伤亡；三是汽车失火，会威胁司乘人员的生命安全，损毁车辆，还会影响交通秩序；四是森林火灾，会烧毁森林的动植物资源，破坏生态环境，导致水土流失，经济损失巨大，甚至造成人员伤亡。

家庭失火逃生

小朋友，家中应准备灭火器，并学会使用灭火器。当家里没有灭火器时，遇到以下情况，也可以按这些方法灭火。当炒菜油锅着火时，应迅速盖上锅盖灭火。如果没有锅盖，可将切好的蔬菜倒入锅内灭火。千万不要用水浇，以防燃油溅出来，引燃厨房中的其他可燃物。

酒精火锅添加酒精时突然起火，千万不能用嘴吹，可用茶杯盖或小菜碟等盖在酒精罐上灭火。

液化气罐着火，可用浸湿的被褥、衣物等捂压，也可将干粉或苏打粉用力撒向火焰根部，在火

熄灭的同时关闭阀门。

发现电器起火，要先切断电源，并使用灭火器灭火。电视机或电脑冒烟起火时，应马上切断电源，再用湿棉被或湿衣物将火压灭，灭火时要特别注意从侧面靠近电视机或电脑，以防显像管爆炸伤人。

逃生时应戴防毒面罩，或用湿毛巾捂住口鼻，背向烟火方向迅速离开。当逃生通道被切断、短时间内无人救援时，应关紧迎火门窗，用湿毛巾、湿布堵塞门缝，用水淋透房门，防止烟火侵入。

小朋友，水能灭火，但是水也能导电，如果电器起火，千万不要用水浇电器，要记得关闭电源哦。

高楼失火逃生

小朋友，如果高楼起火，我们可利用各楼层的消防器材扑灭初起火灾。因火势向上蔓延，应用防火毯、湿棉被等物做掩护迅速向楼下有序撤离。离开房间要随手关门，使火焰、浓烟控制在一定的空间内。戴防毒面罩或用湿毛巾等物掩住口鼻，保持低姿势前进，呼吸动作要小而浅。带婴儿逃离时可用湿布轻轻蒙在婴儿脸上。可将被单、台布结成牢固的绳索，牢系在窗栏上，顺绳滑至安全楼层。当通道被火封住而欲逃无路时，可靠近窗户或阳台呼救，并记得关紧迎火门窗，用湿毛巾、湿布堵塞门缝，用水淋透房门，防止烟火侵入。注意靠墙躲避，因为消防人员进入室内救援大都是沿墙壁摸索行进的。

72

密集场所失火逃生

小朋友，发现火灾时，应利用楼层内的消防器材及时将火扑灭。火势蔓延时用衣服遮掩口鼻，放低身体姿势，浅呼吸，根据火灾逃生通道图，快速有序地向安全出口撤离，不乘电梯逃生。可以利用建筑物阳台、避难层、室内设置的缓降器、救生袋、应急逃生绳等逃生，或将被单、台布结成牢固的绳索，牢系在窗栏上顺绳滑至安全楼层。尽量避免大声呼喊，防止有毒烟雾进入呼吸道。离开房间后应关紧房门，将火焰和浓烟控制在一定的空间内。当逃生无路时，应靠近窗户或阳台，关紧迎火门窗，向外呼救。

汽车失火逃生

汽车发动机起火时应迅速停车，切断电源，用随车灭火器对准着火部位灭火。车厢货物起火，用随车灭火器扑救，并远离现场，以免发生爆炸时受伤害。汽车加油过程中起火，应立即停止加油，疏散人员，用灭火器等将油箱上的火焰扑灭。地面如有流洒的燃料着火，立即用灭火器或沙土将其扑灭。汽车在修理中起火，应迅速切断电源，及时灭火。汽车被撞后起火，先设法救人再灭火。公共汽车在运行中起火，应立即开启所有车门，按秩序疏散乘客，或打碎窗玻璃逃生。

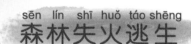

sēn lín shī huǒ táo shēng
森林失火逃生

xiǎo péng you，wǒ men fā xiàn sēn lín huǒ zāi shí yīng
小朋友，我们发现森林火灾时应

jí shí bào jǐng，zhǔn què bào gào qǐ huǒ fāng wèi、huǒ chǎng
及时报警，准确报告起火方位、火场

miàn jī yǐ jí rán shāo de zhí bèi zhǒng lèi，bìng xùn sù xiàng
面积以及燃烧的植被种类，并迅速向

ān quán dì dài zhuǎn yí。xuǎn zé huǒ yǐ jīng shāo guo huò zá cǎo xī shū、dì shì píng
安全地带转移。选择火已经烧过或杂草稀疏、地势平

tǎn de dì duàn zhuǎn yí；chuān yuè huǒ xiàn shí yào yòng yī fu méng zhù tóu bù，kuài sù
坦的地段转移；穿越火线时要用衣服蒙住头部，快速

nì fēng chōng chū huǒ xiàn，qiān wàn bú yào shùn zhe fēng xiàng zài huǒ xiàn qián fāng táo pǎo
逆风冲出火线，千万不要顺着风向在火线前方逃跑。

xiǎo péng you，sēn lín shī huǒ bú yào huāng，jì zhù yào nì zhe huǒ shì de fāng
小朋友，森林失火不要慌，记住要逆着火势的方

xiàng pǎo o
向跑哦！

rèn hé rén fā xiàn huǒ zāi　　dōu yīng jǐn kuài bō dǎ　　huǒ jǐng diàn huà hū
任何人发现火灾，都应尽快拨打119火警电话呼

jiù　　jí shí jiǎng qīng shī huǒ dān wèi de míngchēng　dì zhǐ　shén me dōng xi zháo huǒ
救，及时讲清失火单位的名称、地址、什么东西着火、

huǒ shì dà xiǎo yǐ jí zháo huǒ de fàn wéi　　tīng qīng duì fāng tí chū de wèn tí bìngzhèng
火势大小以及着火的范围，听清对方提出的问题并正

què huí dá　　bìng bǎ zì jǐ de diàn huà hào mǎ hé xìng míng gào su duì fāng　　yǐ fāng
确回答，并把自己的电话号码和姓名告诉对方，以方

biàn lián xì
便联系。

dāng yī fu zháo huǒ shí　　yīng cǎi yòng shuǐ jìn　　shuǐ lín huò jiù dì wò dǎo fān
当衣服着火时，应采用水浸、水淋或就地卧倒翻

gǔn děngfāng fǎ jǐn kuài miè huǒ　　qiān wàn bù kě zhí lì bēn pǎo huò zhàn lì hū hǎn
滚等方法尽快灭火，千万不可直立奔跑或站立呼喊，

yǐ miǎn zhù zhǎng rán shāo　　yǐn qǐ huò jiā zhòng hū xī dào shāoshāng
以免助长燃烧，引起或加重呼吸道烧伤。

xiǎo péng you　　yù jiàn huǒ zāi jì yào zì jiù yòu yào xún qiú wài yuán　　cái néng
小朋友，遇见火灾既要自救又要寻求外援，才能

jiāng sǔn shī jiàng dī　o
将损失降低哦！

遭遇火灾不提倡采取跳楼的方式逃生。非跳楼不可时，应尽量往救生气垫中部跳，或选择有水池、软雨篷、草地等方向跳；尽量抱棉被、沙发垫等松软物品，以减缓冲击力。如果徒手跳楼，一定要扒窗台或阳台使身体自然下垂，以降低垂直距离，落地前双手抱紧头部，身体弯曲蜷成一团，以减少伤害。

你知道失火自救的方法吗

nǐ zhī dào shī huǒ zì jiù de fāng fǎ ma

yǒu yì tiān jiā lǐ tū rán fā shēng le huǒ zāi nǐ huì zěn me zuò ne

有一天，家里突然发生了火灾。你会怎么做呢？

qǐng nǐ zǐ xì guān chá xià tú xuǎn chū shī huǒ zì jiù de fāng fǎ bìng zài hòu miàn

请你仔细观察下图，选出失火自救的方法，并在后面

huà shàng

画上"√"。

出现山体滑坡怎么办

可怕的灾害

小朋友,你知道什么是山体滑坡吗?山体滑坡是指山体斜坡上某一部分岩土在重力作用下,沿着一定的软弱结构面产生剪切位移而整体向斜坡下方移动的作用和现象,是常见的地质灾害之一。

山体滑坡的成因

小朋友,山体滑坡的主要诱发因素有:地震、降雨和融雪,地表水的冲刷、浸泡,河流等地表水体对斜坡坡脚的不断冲刷,以及不合理的人类工程活动,如开挖坡脚、坡体上部堆载、爆破、水库蓄(泄)水、矿山开采等。此外,海啸、风暴潮、冻融等也可能诱发山体滑坡。

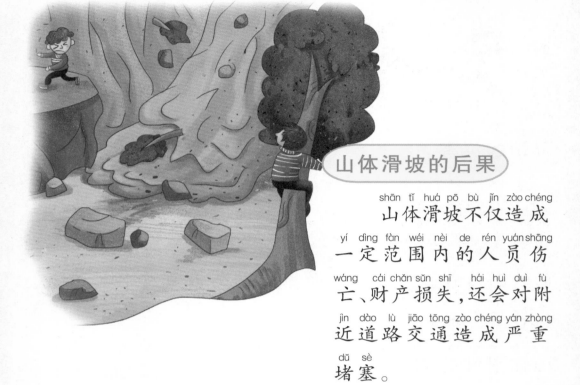

山体滑坡的后果

山体滑坡不仅造成一定范围内的人员伤亡、财产损失，还会对附近道路交通造成严重堵塞。

可以这样做

设法自救

当遇到山体滑坡时，应保持冷静，不能慌乱。迅速环顾四周，向较安全的地段撤离。以向两侧跑为最佳方向，向上或向下跑都是很危险的。当遇到无法跑离的高速滑坡时，原地不动抱住大树等物，是一种有效的自救措施。

小朋友，山体滑坡很危险，要积极想办法自救哦！

报警求助

滑坡时极易造成人员受伤，受伤时应拨打全国统一急救中心电话号码 120。凡遇到重大灾害事件、意外伤害事故、严重创伤、急性中毒、突发急症等需要现场救护时，应立即拨打 120 寻求援助。

救助他人

在施行人工呼吸前，先清除伤者口中的污物，为其松衣解带，以免影响胸廓运动。人工呼吸救护者位于伤者头部一侧，一手托起伤者下颌使其后仰，一手掐紧伤者鼻孔防止漏气，深吸气后迅速口对口将气吹入伤者肺内，吹气后立即离开伤者的口，松开掐鼻的手，使吹入的气体自然排出，同时观察伤者胸廓是否

起伏。成人每分钟可反复吸入16次左右，儿童每分钟20次，直到伤者能自行呼吸为止。

如果伤者心跳停止，应在进行人工呼吸的同时，立即施行心脏按压。若有两人抢救，则一人连续按压心脏5次，另一个人吹气1次，交替进行。若单人抢救，应连续按压心脏15次，吹气2次，交替进行。按压方法是：让伤者仰卧在床板或地上，头部后仰，救护者位于伤者一侧，双手重叠指尖朝上，用掌根部压在胸骨下1/3处，垂直均匀用力，将胸骨下压3～5厘米，然后放松，使血液流进心脏，但掌根不离胸壁。成年伤者，每分钟可按压80次左右。

小朋友，掌握人工呼吸的方法了吧，关键时刻能救命呢！

当遇到山体滑坡时，将衣被等御寒物放至高处保存，将不便携带的贵重物品做防水捆扎后埋入地下或放至高处，票款、首饰等物品可缝在衣物中。

对于家中的财产不要舍不得扔下，不能只顾家产而不顾生命安全。在离开住处时最好把房门关好，这样待洪流退后，家产还能保留，不会随水漂走。

小朋友，生命只有一次，在面临危难时要懂得取舍！

看谁做得对

kàn shuí zuò de duì

shān tǐ huá pō le   xiǎo huǒ bàn men zhǔn bèi chè lí   xiǎo péng you   qǐng nǐ
山体滑坡了，小伙伴们准备撤离。小朋友，请你

zǐ xì guān chá xià tú   shuō yi shuō shuí zuò de duì   bìng gěi tā huà shàng yì duǒ xiǎo
仔细观察下图，说一说谁做得对，并给他画上一朵小

hóng huā
红花。

出现泥石流怎么办

可怕的灾害

xiǎo péng you nǐ zhī dào shén me shì ní shí liú ma ní shí liú shì bào yǔ
小朋友,你知道什么是泥石流吗? 泥石流是暴雨、

hóng shuǐ jiāng hán yǒu shā shí qiě sōng ruǎn de tǔ zhì shān tǐ jīng bǎo hé xī shì hòu xíng
洪水将含有沙石且松软的土质山体经饱和稀释后形

chéng de hóng liú tā jù yǒu tū rán xìng liú sù kuài liú liàng dà pò huài lì
成的洪流。它具有突然性、流速快、流量大、破坏力

qiáng děng tè diǎn
强等特点。

泥石流的成因

xiǎo péng you ní shí liú jīng cháng fā shēng zài xiá gǔ dì dài hé dì zhèn huǒ shān
小朋友,泥石流经常发生在峡谷地带和地震火山

duō fā qū zài bào yǔ qī jù yǒu qún fā xìng ní shí liú duō bàn suí shān qū hóng
多发区,在暴雨期具有群发性。泥石流多伴随山区洪

shuǐ ér fā shēng hóng liú zhōng hán yǒu zú gòu shù
水而发生,洪流中含有足够数

liàng de ní shā shí děng gù tǐ suì xiè
量的泥沙石等固体碎屑

wù tǐ jī hán liàng zuì shǎo
物,体积含量最少

wéi zuì gāo kě dá
为 15%,最高可达

ní shí liú bǐ hóng shuǐ
80%,泥石流比洪水

gèng jù pò huài lì
更具破坏力。

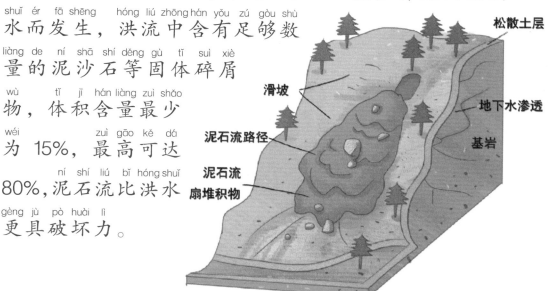

松散土层

滑坡

地下水渗透

泥石流路径

基岩

泥石流
扇堆积物

泥石流的危害

小朋友，你知道泥石流的后果和危害吗？泥石流经常突然暴发，来势凶猛，携带巨大的石块，不仅会掩埋乡镇农田，冲毁城镇、工厂、矿山、乡村，造成人、畜伤亡，而且会破坏房屋及其他工程设施，破坏农作物、林木及耕地，还会淤塞河道，阻断航运，甚至可能引发水灾。

小朋友，去山区旅游千万要听天气预报呀，下雨天不可登山哟！

迅速登高

小朋友，沿山谷徒步行走时，一旦遭遇大雨发现山谷有异常声响或听到警报时，要立即向坚固的高地或泥石流的两侧山坡跑，记得要向与泥石流成垂直方向的山坡上面爬，爬得越高越好，跑得越快越好，绝对不能向泥石流流动的方向走。

正确撤离

逃生时要抛弃一切影响奔跑速度的物品，不要躲在有滚石和大量堆积物的陡峭山坡下面，不在谷地停留，不停留在低洼的地方，也不要攀爬到树上躲避。

小朋友，逃生时要轻装简行，千万要避开泥石流的方向哟！

安营扎寨

遭遇泥石流时应该设法从房内跑出来，到开阔地带，防止被埋压。应选择平整的高地作为营地，不在山谷和河沟底部扎营。

知识加油站

★不朝滑坡方向跑，要向滑坡方向的两侧逃离；看清前方是否有塌方、沟壑；注意掉落的石头、树枝，以免发生危险。

★避灾场地应选择易滑坡的两侧，离原居住处较近些为好。检查屋内水、电、煤气等设施是否损坏，管道、电线是否破裂和折断，如有故障，应立刻修理。

从世界范围看，泥石流常发生在峡谷地带、地震与火山多发区。它瞬间暴发，是山区较为严重的自然灾害之一。

据统计，50多个国家存在泥石流的潜在威胁，其中日本的泥石流沟有6.2万条之多，春夏两季常暴发泥石流。

进入20世纪，全球泥石流暴发频率急剧增加。仅2011年就先后在乌干达、秘鲁、加拿大等多个国家发生过严重的泥石流灾害。

shān qū fā shēng le ní shí liú　　xiǎo péng you men gǎn jǐn chè lí　　xiǎo péng

山区发生了泥石流，小朋友们赶紧撤离。小朋

you　qǐng nǐ zǐ xì guān chá xià tú　shuō yi shuō shuí néng ān quán bì kāi ní shí liú

友，请你仔细观察下图，说一说谁能安全避开泥石流，

bìng jiǎng lì tā　tā　yí miàn xiǎo hóng qí

并奖励他(她)一面小红旗。

可怕的灾害

小朋友，你知道什么是地震吗？地震又称为"地动"，是地壳在快速释放能量的过程中造成震动并产生地震波的一种自然现象。

地震的成因

小朋友，地球处于不断运动之中，地壳的板块之间经常会发生挤压、错动和分离。当板块之间的压力过大，薄弱的部分就会发生断裂，从而形成地震。

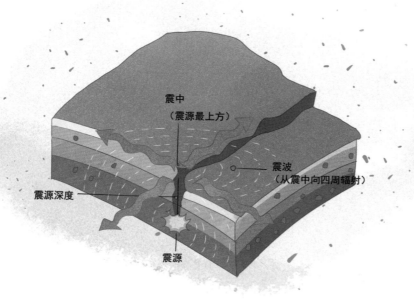

震中
（震源最上方）

震波
（从震中向四周辐射）

震源深度

震源

地震的危害

小朋友，地震是非常严重的自然灾害。海底地震会引发海啸，陆地发生的地震会破坏房屋和建筑物，造成人员伤亡。地震会使城乡道路坼裂、铁轨扭曲、桥梁折断，导致地下管道破裂和电缆被切断，造成停水、停电和通信受阻。地震时，煤气、有毒气体和放射性物质泄漏导致火灾和毒物、放射性污染。地震还能引起山崩、滑坡，造成掩埋村镇的惨剧。火灾、海啸、瘟疫、滑坡、崩塌、水灾、地裂、泥石流、喷砂冒水、地面塌陷、有毒液体和气体的外溢泄漏、地面变形等都是地震的次生灾害。

小朋友，地震的危害极大，一定要加强防范哦！

可以这样做

预测地震

小朋友，我们可根据动物异常举动来预测地震：冬眠的蛇突然出洞，不再进洞；老鼠昼夜忙搬家；牛、马、驴、骡等惊慌不安，不进厩，不进食，乱闹乱叫，挣断缰绳逃跑；鸡不进窝；鸭子不下水；狗狂吠不止；猪不停拱猪圈；蜜蜂聚集搬家。我们也可以根据生活中的异常现象预测地震：不适季节的植物发芽、开花、结果，或者大面积枯萎与异常繁茂等；井水和泉水发浑、翻花、冒泡、升温、变色、变味，井孔明显变形、泉眼突然枯竭或涌出；收音机、电视机、日光灯、电子闹钟失灵，手机信号减弱或消失；听见类似机器轰鸣声、雷声、炮声、狂风呼啸声、撕布声等令人惊异的声音；看见呈红、白、紫、橙色的带状光、片状光、球状光、柱状光、火样光等地光，等等。

大家有序地离开这里，到操场上去！

及时就近躲避

　　小朋友，地震发生时应及时就近躲避，不要惊慌失措；在室内要远离玻璃、吊灯等易碎物品，选择在室内结实、能掩护身体、易于形成三角空间的地方躲避，耐心等待救援。

震后安全撤离

　　震后要服从命令，听从指挥，按顺序撤退离开，迅速往空旷的地方移动，不要胡乱推搡拥挤。

★地震时应就近躲避，不要慌乱。

★在室内，应选择床、桌子、茶几等易形成三角空间的地方进行躲避，趴下身子，低下头，闭紧双眼，用手护住头颈，或用枕头、被褥顶在头上保护头部。

★蹲下时要蜷曲身体，抓住牢固物体，用防烟口罩或湿毛巾捂住嘴巴和鼻子。

★不点明火，以防易燃气体爆炸。

小朋友，地震时应就近躲避，保护身体，注意用防烟口罩或湿毛巾捂住口鼻哦！

公元132年，东汉科学家张衡发明了世界上第一架地震仪器——地动仪。他发明的地动仪在古代发挥的作用可大啦！

世界上主要有三大地震带：环太平洋地震带、欧亚地震带和大洋中脊地震活动带，其中环太平洋地震带分布在太平洋周围，是全球分布最广、地震最多的地震带，所释放的能量约占全球的3/4。

小朋友，我国处在环太平洋地震带，地动仪的发明对我国意义十分重大。

为什么一些动物会预知地震

从大量地震资料来看，已知地震前有异常反应的动物约有近百种，包括昆虫、鱼类、蛙、蛇、鸟类、兽类和家禽家畜，其中以狗、鱼、猫、鸡、鸟和猪的反应最明显。

地震会释放出大量的能量，在震前必然有各种物理、化学和气象的变化。有些动物的感觉器官很灵敏，震前的变化会使它们的某种感觉器官受到刺激而促使它们在生理和行为上发生异常反应。

1201年7月，地中海东部地区的所有城市都遭到地震破坏，死亡人数估算达110万，是古今中外地震死亡人口之最。

迄今为止，人类记录的最大地震是1960年5月21日在智利发生的9.5级地震，释放的能量相当于一颗1800万吨炸药量的氢弹，或100万千瓦的发电厂40年的发电量。

1975年2月4日，发生在我国的海城地震，是世界上第一次成功预报并取得明显减灾实效的地震，被世界科技界称为"地震科学史上的奇迹"。

20世纪，全球地震伤亡人数最多的是1976年7月28日我国唐山7.8级大地震，死亡24.2万余人，重伤16.4万余人。

2008年5月12日，中国四川省汶川县发生8.0级大地震，是中华人民共和国成立以来破坏力最大的地震。经国务院批准，每年5月12日为"全国防灾减灾日"。

地震急救包简介

急救包是装有急救药品及消过毒的纱布、绷带等的小包,是人们在意外情况下应急使用的救援物品。

我国的急救包通常具备如下物品:收音机、哨子、手电筒、电池、手机、电话卡、铅笔、本子、亲友联络名单、电话及地址等联络物品;瓶装水、压缩饼干、甜巧克力、维生素片、存折、身份证件、钱、保温毯、手套、蜡烛、火柴、刀、雨衣等生活用品;红药水、碘酒、烫伤膏、眼药水、消炎粉等外用药,退热片、保心丸、止痛片、止泻药、抗生素、感冒药等内服药,医用口罩、三角巾、止血带、绷带、胶布、体温计、剪刀、镊子、酒精棉球等医药用品。

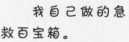

我自己做的急救百宝箱。

地震后谁能安全撤离

dì zhèn hòu shuí néng ān quán chè lí

突然发生了地震，小伙伴们准备撤离。小朋友，请你仔细观察下图，说一说谁能安全撤离，并奖励一枚"安全小卫士"勋章吧。

可怕的灾害

小朋友，你见过火山喷发吗？火山喷发是岩浆等喷出物在短时间内从火山口向地表释放的现象。火山喷发时，浓烟滚滚，火光冲天，岩块飞腾，轰鸣如雷，还喷发着大量的硫黄热气。

火山喷发的成因

小朋友，由于岩浆中含有大量挥发成分，加之上覆岩层的围压，使这些挥发成分溶解在岩浆中无法溢出。当岩浆上升靠近地表时压力减小，挥发成分被急剧释放出来，于是就形成了火山喷发。

火山喷发的后果

小朋友，你知道火山喷发的后果和危害吗？伦敦的最新科学发现表明，火山喷发产生的气体可能是过去5.45亿年间包括恐龙在内的大量物种灭绝的原因。火山喷发每年向空中释放的硫黄量是人类活动产生硫黄量的10倍，导致大面积酸雨和空气中悬浮硫酸液滴的形成。火山喷发出的大量火山灰与暴雨结合形成泥石流，能冲毁道路、桥梁，淹没附近的乡村和城市。

准确预测

小朋友，通常火山喷发会有前兆，要学会观测异常情况，比如地表变形，从喷气孔、泉眼发出奇怪的气体和气味；水位、水温异常变化；生物有异样反应，包括植物褪色、枯死，小动物行为异常、死亡等。

及时撤离

一旦发现火山喷发的前兆后，应尽快选择交通工具离开。逃离过程中要戴上头盔或用其他物品护住头部，防止被火山喷射物砸伤。当看到火山喷出熔岩时，要迅速跑出熔岩流经的路线范围。如果是驾车逃离，要注意避开使路面打滑的火山灰。

如果火山的高温岩浆逼近，就要弃车尽快爬到高处躲避岩浆。

原来，火山喷发与地震一样都会有前兆呢，这些异常变化能给我们预警哦！

安全防护

我们知道，火山灰伴随有毒气体，会对肺部产生伤害，特别是对儿童、老人和有呼吸道疾病的人。当火山灰中的硫黄随雨而落时会灼伤皮肤、眼睛和黏膜，应戴上护目镜、通气管面罩或滑雪镜保护眼睛，用湿布护住嘴和鼻子或戴防毒面具。

火山喷发时会有大量气体球状物喷出，可以躲避在附近坚实的地下建筑物中，或跳入水中屏住呼吸半分钟左右，球状物就会滚过去。

灾后清洗

小朋友，等我们到避难所后要脱去衣服，彻底洗净暴露在外的皮肤，用清水冲洗眼睛。

火山喷发对人体健康的危害极大，我们一定要保护好自己哦！

据纽约大学的迈克尔·拉姆皮诺称，发生于7.4万年前的苏门答腊火山的超强度喷发曾导致全球变冷和北半球3/4的植物毁于一旦。

英国科学家斯蒂芬·塞尔夫认为：人类有可能在一次超强度的火山喷发中毁灭，目前还没有任何办法可以阻止这种灾难。

你知道火山喷发的先兆吗

nǐ zhī dào huǒ shān pēn fā de xiān zhào ma

小朋友，你知道火山喷发的先兆吗？你会正确地

预测火山喷发吗？请你在正确的图画后画上"√"。

xiǎo péng you　　　 nǐ zhī dào huǒ shān pēn fā de wēi hài yǒu nǎ xiē ma　　gǎn kuài

小朋友，你知道火山喷发的危害有哪些吗？赶快

zài tú hòu huà shàng　　　　ba

在图后画上"√"吧。

冰川消融怎么办
bīng chuān xiāo róng zěn me bàn

可怕的灾害

小朋友，你知道什么是冰川吗？冰川是地表上长期存在并能自行运动的天然冰体，是地表重要的淡水资源。

冰川的成因

小朋友，你知道冰川是怎样形成的吗？冰川存在于极寒之地。地球上的南极和北极终年严寒，其他地区只有海拔高的山上才能形成冰川。积雪堆积、挤压冻结成冰，在重力的作用下自高向低流动，形成了冰川。

冰川消融的危害

小朋友，冰川消融会导致海平面上升，淹没沿岸大片地区；冬季严寒，暴风雪成灾，夏季高温不退，暴雨、飓风、洪水泛滥；一些动植物的生活环境被破坏，人类生存环境也面临威胁。

可以这样做

小朋友，世界上数十亿人口饮用冰川融水，依靠冰川水灌溉、发电，冰川过度消融会带来淡水危机。人类有义务和责任采取措施，不要盲目开荒，要减少二氧化碳和其他温室气体的排放，降低冰川消退的速度。

使用电器做饭，不烧煤炭，经常步行，乘坐地铁，这些举措都能减少"温室效应"哦！

肯定会惊奇

冰川覆盖了地球陆地面积的11%，极不均衡地分布在世界各大洲中。

其中96.6%的冰川是大陆冰川，位于南极洲和格陵兰岛；其他地区的冰川只能发育在高山上，称为"山岳冰川"。山岳冰川面积居世界前三位的国家依次是加拿大、美国和中国。在中低纬度带，66%的冰川分布在亚洲，中国占30%，是世界上中低纬度带冰川数量最多、规模最大的国家。

据报道，科学家于2010年8月6日宣布，一块巨大的浮冰从格陵兰彼得曼冰川上崩离，形成一座260平方千米的巨大浮冰岛，大小相当于4个曼哈顿，含水量可以满足全美国120天的公共自来水需求。彼得曼冰川是格陵兰现存的两座最大的冰川之一，距北极1000千米。

xiǎo péng you　 nǐ zhī dào shān yuè bīng chuān miàn jī jū shì jiè qián sān wèi de guó

小朋友，你知道山岳冰川面积居世界前三位的国

jiā yǒu nǎ xiē ma　 gǎn kuài gěi tā men huà shàng　　　ba

家有哪些吗？赶快给它们画上"☺"吧。

zhōng guó
中国

měi guó
美国

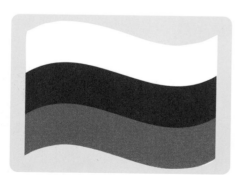

é luó sī
俄罗斯

jiā ná dà
加拿大

xiǎo péng you　　nǐ　zhī　dào bīng chuān xiāo róng de　wēi　hài　yǒu　nǎ　xiē ma　　gǎn kuài
小朋友,你知道冰川消融的危害有哪些吗?赶快

zài　tú　hòu　huà shàng　　　　ba
在图后画上"√"吧。

遇见海啸怎么办

可怕的灾害

小朋友,你知道什么是海啸吗?海啸是由海底地震、火山喷发、海底滑坡或气象变化产生的破坏性海浪。它是一种灾难性海浪。

海啸的成因

小朋友,你知道海啸是怎样形成的吗?海啸主要受海底地形、海岸线几何形状及波浪特性的控制。通常海底地震、海底滑坡、火山喷发或天气变化都会引发海啸。海啸通常由震源在海底50千米以内、震级6.5以上的海底地震引起,水下及沿岸山崩或火山喷发也可能引发海啸。海啸分为地震海啸、火山海啸和滑坡海啸。

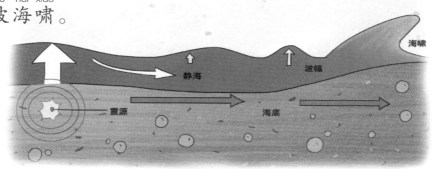

海啸的危害

小朋友，你知道海啸的后果和危害吗？海啸是自然灾害，破坏力极大，能摧毁堤岸，淹没陆地，夺走生命财产，会给附近居民带来深重甚至是毁灭性的灾难。

小朋友，我们要注意听天气预报，学会观察天象，及时准确地预测天气情况。灾前要预警，预测到海啸时千万不要出海航行，以免发生危险。如果是在航海时突然遇到海啸，既要发送信号积极寻求外援，又要积极进行自救和互救。

虽然海啸危害大，但只要我们积极自救，并寻求外援，就有可能将损失降到最低。

全球有记载的破坏性海啸有260次左右，平均六七年发生一次。全球的海啸发生区大致与地震带一致，发生在环太平洋地区的地震海啸就占了约80%，而日本列岛及附近海域的地震又占太平洋地震海啸的60%左右，日本是全球发生地震海啸并且受害最深的国家。

小朋友，我们知道地震会引发海啸，观测异常现象能预测地震，同样也能预测海啸哦！

海啸种类知多少
hǎi xiào zhǒng lèi zhī duō shǎo

小朋友，你知道海啸分为哪几种吗？请你观察
xiǎo péng you nǐ zhī dào hǎi xiào fēn wéi nǎ jǐ zhǒng ma qǐng nǐ guān chá

下图，将不同海啸的图案与名称一一对应，赶快连
xià tú jiāng bù tóng hǎi xiào de tú àn yǔ míng chēng yī yī duì yìng gǎn kuài lián

线吧。
xiàn ba

滑坡海啸
huá pō hǎi xiào

地震海啸
dì zhèn hǎi xiào

火山海啸
huǒ shān hǎi xiào

遇见海难怎么办
yù jiàn hǎi nàn zěn me bàn

面临的情境

暑假天气炎热，豆豆与同学相约去海边旅游。他们乘船到海里游玩，突然海面上狂风大作，波涛汹涌，游船左右摇晃，艰难前行。这时，"砰砰砰""轰轰轰"的巨响声传来，只听见有人尖叫："天哪！游船触礁啦！"

小朋友，遇到海难时你会惊慌失措吗？你会千方百计寻找机会自救吗？

积极自救

小朋友，遇到海难时不要悲观失望，不要放弃任何希望，要想方设法进行自救，比如：放下救生艇，赶紧转移到救生艇上，弃船待救；或者套上救生圈跳入水中，漂浮在水面上，边向海岸游边等待救援。

寻求救援

小朋友，遭遇海难时，我们既要积极自救又要拨打电话报警，积极寻求外援，同时用镜子反光和挥动鲜艳物品提供寻找线索，让救援人员尽早发现自己。

只要我们积极想办法自救，并主动寻求外援，就一定能够战胜灾难，安全归来。

★ 遇到灾难时不要放弃任何逃生的机会，相信会发生奇迹。

★ 不要惊慌失措，要保持镇定，对自己充满信心。

★ 珍爱生命，保命第一，舍弃笨重物品，轻装简行。

★ 及时拨打急救电话，提供明显的线索，等待外援。

★ 在等待外援时，要想方设法利用身边物品自救。

别怕，我们在这里等待救援。

"泰坦尼克号"是当时世界上体积最庞大、内部设施最豪华的客运轮船,有"永不沉没"的美誉。自1909年3月31日开始,英国花费一年时间建造而成。它从英国南安普敦出发,驶向美国纽约。1912年4月14日晚11时40分,泰坦尼克号撞上了冰山;4月15日凌晨2时20分,轮船裂成两半后沉入大西洋,船上1500多人丧生。泰坦尼克号海难为和平时期死伤人数较多的海难之一。

小朋友,电影《泰坦尼克号》讲述的就是这个故事哦!

xiǎo péng you　nǐ zhī dào cháng jiàn de qiú jiù yòng jù yǒu nǎ xiē ma　gǎn

小朋友，你知道常见的求救用具有哪些吗？赶

kuài zài tú hòu huà shàng　　ba

快在图后画上"√"吧。

nǐ huì bō dǎ qiú zhù diàn huà ma
你会拨打求助电话吗

bào jǐng diàn huà yào láo jì　　yù jiàn wēi nàn bù zháo jí　　yù dào yì wài dǎ
报警电话要牢记，遇见危难不着急；遇到意外打
diàn huà　　zhù rén tuō kùn yòu jiù jǐ　xiǎo péng you　　nǐ zhī dào zěn me bào jǐng ma
电话，助人脱困又救己。小朋友，你知道怎么报警吗？
gǎn jǐn lián xiàn ba
赶紧连线吧。

chá xún tiān qì
查询天气　　　　　　　　　　　122

gōngshāng tóu sù
工商投诉　　　　　　　　　　　121

fā xiàn huài rén
发现坏人　　　　　　　　　　　120

kàn jiàn shī huǒ
看见失火　　　　　　　　　　　12395

yǒu rén shēngbìng
有人生病　　　　　　　　　　　119

jiāo tōng shì gù
交通事故　　　　　　　　　　　110

shuǐ shàng qiú zhù
水上求助　　　　　　　　　　　12315

xiǎo péng you　　qǐng nǐ zǐ　xì guān chá xià miàn de hǎi nàn tú　shuō yi shuō shuí
小朋友，请你仔细观察下面的海难图，说一说谁

néng jué chù féngshēng　bìng jiǎng lì　yí miàn xiǎo hóng qí
能绝处逢生，并奖励一面小红旗。

遇见空难怎么办

yù jiàn kōng nàn zěn me bàn

面临的情境

寒假里的一天，乐乐与同学约好一起去欧洲旅游。飞机起飞时万里无云，几小时后，天空灰蒙蒙的，犹如雾气升腾的仙境一般。突然，机翼在剧烈抖动，飞机忽上忽下。人们胆战心惊，有人叫喊，还有人哭泣。

小朋友，遇到空难时你会惊慌失措吗？你知道空难发生时怎么自救吗？

头部贴向膝盖。

小腿向后收。

座椅调整为垂直状态。

可以这样做

hù hǎo shēn tǐ
护好身体

xiǎo péng you　　　　zài kōng nàn
小朋友，在空难
fā shēng qián　　wǒ men yào bǎo hù
发生前，我们要保护
hǎo zì jǐ de shēn tǐ　　bǎ xíng
好自己的身体，把行
li nuó dào jiǎo páng　　wān yāo bǎ tóu fàng xī gài shàng shuāng shǒu wò xī gài xià fāng
李挪到脚旁，弯腰把头放膝盖上，双手握膝盖下方，
liǎng jiǎo qián shēn jǐn tiē dì bǎn
两脚前伸紧贴地板。

jí shí chè lí
及时撤离

xiǎo péng you　dāng wǒ men fā xiàn fēi jī cāng nèi chū xiàn yān wù shí　yào dī
小朋友，当我们发现飞机舱内出现烟雾时，要低
tóu yòng shī máo jīn wǔ zhù zì jǐ de kǒu bí　yǐ miǎn xī rù yān wù sǔn hài shēn tǐ
头用湿毛巾捂住自己的口鼻，以免吸入烟雾损害身体，
rán hòu tīng zhǐ huī yǒu xù de wān yāo pá xíng zhì chū kǒu　xùn sù chè lí　dāng wǒ
然后听指挥有序地弯腰爬行至出口，迅速撤离。当我
men miàn lín wēi xiǎn shí　yí dìng yào zhèn dìng
们面临危险时，一定要镇定。

quán fù wǔ zhuāng
全副武装

xiǎo péng you　　zài fēi jī shàng bú yào jīng huāng shī cuò　yào tīng cóng kōng chéng rén
小朋友，在飞机上不要惊慌失措，要听从空乘人
yuán ān pái　dài hǎo yǎng qì miàn zhào　jì jǐn ān quán dài　quán fù wǔ zhuāng zuò hǎo
员安排，戴好氧气面罩，系紧安全带，全副武装，做好
yí qiè ān quán fáng hù
一切安全防护。

增强自信

小朋友，当飞机在海洋上空缓缓降落时，我们要立即换上救生衣。飞机下坠时，要充满信心，期待奇迹发生，不放弃任何逃生的希望，大声呼喊并竭力睁大眼睛。

奋力一搏

小朋友，在飞机撞向地面的一瞬间，我们要迅速解开安全带，快步冲向机舱尾部，朝向光亮的裂口，拼尽全力，纵身一跃，逃出飞机残骸，实现生还的奇迹。

先生，飞机上不许抽烟。

★ 飞机起飞前要系好安全带。

★ 飞机上禁止吸烟，起飞和降落时禁止使用手机、笔记本电脑等通信设备，以免干扰飞机的导航仪。

肯定会惊奇

全世界每年约有1000人死于空难，一旦飞机失事，幸存者寥寥无几。通常在起飞后6分钟和着陆前7分钟内最容易发生意外，称"可怕的13分钟"。据国际航空委员会统计，世界上99.25%的空难都是由于飞行员的失误造成的。

俄罗斯科学院研究员勃德罗夫认为，机器在快速反应和记忆容量方面远远超过人，可囊括解决所有"意外情况"的全部指令。俄罗斯正研制"全傻装置"，已研究出450条保障飞行安全的指令。

小朋友，在飞机起飞后6分钟和着陆前7分钟内一定要保持高度警惕，听从指挥，不能轻举妄动哦！

危难自救办公椅
wēi nàn zì jiù bàn gōng yǐ

"9·11"恐怖袭击事件后，美国ECCO公司设计了一款"危难自救办公椅"。它可以在十几秒钟内被拆分成工具、绳索、心跳感应器等逃生自救必备品。

椅子靠背是铁锨的头，座椅两侧的扶手能和其他组件配套作为铁锨把手和铁锨头组合，或作撬棍使用。

椅子表面加了防火外套，可作火灾现场的自救用品。

椅背夹层里放着救生衣，还配备防毒面具、嵌入式发光二极管照明灯、电池、绳索、刀具、钻孔打洞工具。

救生椅还提供心跳感应器和调频收音机：心跳感应器能让现场救援人员快速找到受害者，调频收音机可在救援人员指导下用自备逃生工具自救。

设计师还考虑把椅子腿做成十字镐和锤子等工具组合，或在椅腿里放压缩食品、饮用水，帮助人们在危机时自救。

乘坐飞机的不当行为

chéng zuò fēi jī de bú dàng xíng wéi

小朋友，你知道乘坐飞机时有哪些行为不被允许吗？赶紧在图后画上"✗"吧。

遇空难谁能奇迹生还

yù kōng nàn shuí néng qí jì shēnghuán

xiǎo péng you　　qǐng nǐ zǐ xì guān chá xià miàn de kōng nàn tú　shuō yi shuō shuí

小朋友，请你仔细观察下面的空难图，说一说谁

néng qí jì shēnghuán bìng jiǎng lì yì duǒ xiǎo hóng huā

能奇迹生还，并奖励一朵小红花。

第三章

环境灾害
与环保

可怕的灾害

小朋友，你知道什么是赤潮吗？赤潮是在特定的环境条件下，海水中某些浮游植物、原生动物或细菌因暴发性增殖或高度聚集而引起水体变色的一种有害生态现象。由于引发赤潮的生物种类和数量不同，海水会呈现黄色、绿色或褐色等不同颜色。

赤潮的成因

小朋友，赤潮是一种复杂的生态异常现象。科学家们认为赤潮是近岸海水受到有机物污染所致。当含有大量营养物质的生活污水、工业废水（主要是食品、造纸和印染工业）和农业废水流入海洋后，再加上海区的其他理化因素有利于生物的生长和繁殖时，赤潮生物便会急剧繁殖起来，形成赤潮。

赤潮的危害

小朋友，赤潮是一种世界性公害，危害极大。

首先，赤潮的发生破坏了海洋的正常生态结构和生产过程，因而会威胁海洋生物的生存。

其次，有些赤潮生物会分泌黏液，粘在鱼、虾、贝等生物的腮上，妨碍它们呼吸，导致其窒息死亡。含有毒素的赤潮生物被海洋生物摄食后会引起中毒而导致死亡。同样，如果人类食用含有毒素的海产品，也会造成类似的后果。

最后，大量赤潮生物死亡后，尸骸的分解过程需要消耗大量海水中的溶解氧，会造成缺氧环境，引起虾、贝类的大量死亡。

保护环境

bǎo hù huán jìng

小朋友，我们平时要节约用水，不要随意排放生活中的污水。要废物利用，变废为宝，比如可以将生活中的污水收集起来浇花、冲厕所等。

安全饮食

ān quán yǐn shí

小朋友，在出现赤潮时，我们不能采捡不明死因的海洋生物食用，以防食物中毒。

由赤潮引发的赤潮毒素统称"贝毒"，有10多种贝毒毒素比眼镜蛇毒素还高80倍，比普鲁卡因、可卡因等麻醉剂强10万多倍。国内外研究表明，全世界有260多种海洋浮游微藻能形成赤潮，有70多种能产生毒素，可导致海洋生物死亡，甚至能造成人类食物中毒。

据统计，全世界因赤潮毒素的贝类中毒事件有300多起，死亡300多人。到2008年为止，世界上已有30多个国家和地区受到不同程度的赤潮的危害，日本是受害较为严重的国家之一。

你知道植物病虫草害吗
nǐ zhī dào zhí wù bìng chóng cǎo hài ma

可怕的灾害

小朋友，你知道什么是植物病虫草害吗？植物病虫草害是指植物在生物或非生物因子的影响下，发生一系列形态、生理和生化上的病理变化，阻碍了正常生长、发育的进程，从而影响人类经济效益的现象。

人们通常把危害各种植物的昆虫和螨类等称为"害虫"，把由它们引起的各种植物伤害称为"植物虫害"。

农田草害就是生长在农田中的野草、杂草对农作物生长造成的危害。

灾害的成因

一是非侵染性病害，由非生物引起，如营养元素缺乏，水分不足或过量，低温冻害和高温灼伤，肥料、农药使用不合理，或废水、废气造成的药害、毒害等。

二是侵染性病害，由生物引起，具有传染性，有多种病原体，如真菌、细菌、病毒、线虫或寄生性种子植物等。植物病害的发生和流行除自然因素外，常与大肆开垦植被、盲目猎取生物资源、工业污染以及农业措施不当等人为因素有关。

昆虫和螨类会传播植物病害，储粮害虫危害粮食，都会造成虫害。

农田中的野草、杂草与农作物争夺营养物质，影响农作物生长，就形成了草害。

灾害的后果

zhí wù bìng hài de bìng zhuàng fēn wéi
植物病害的病状分为

zhí wù biàn sè huài sǐ fǔ làn wěi
植物变色、坏死、腐烂、萎

niān jī xíng wǔ dà lèi xíng bù jǐn huì zào chéng jīng
蔫、畸形五大类型,不仅会造成经

jì sǔn shī hái yǒu kě néng yǐn fā rén chù zhòng dú
济损失,还有可能引发人、畜中毒。

yá chóng fēi shī yè chán yǐng mǎn děng kūn chóng huì chuán bō zhí wù bìng dú
蚜虫、飞虱、叶蝉、瘿螨等昆虫会传播植物病毒。

nóng chǎn pǐn shōu huò hòu zài chǔ yùn guò chéng zhōng hái huì shòu chǔ liáng hài chóng wēi hài
农产品收获后在储运过程中还会受储粮害虫危害。

nóng tián cǎo hài xī shōu nóng tián zhōng de yíng yǎng chéng fèn bú lì yú nóng zuò wù
农田草害吸收农田中的营养成分,不利于农作物

shēng zhǎng jiàng dī nóng zuò wù de chǎn liàng yǔ pǐn zhì tā men hái shi xǔ duō nóng
生长,降低农作物的产量与品质。它们还是许多农

zuò wù bìng chóng hài de zhōng jiān jì zhǔ huì yǐn fā zhí wù bìng chóng hài
作物病虫害的中间寄主,会引发植物病虫害。

mín yǐ shí wéi tiān zhí wù bìng chóng cǎo hài huì dǎo zhì zhuāng jia jiǎn chǎn
"民以食为天。"植物病虫草害会导致庄稼减产

shèn zhì jué shōu huì wēi jí rén lèi de shēng cún o
甚至绝收,会危及人类的生存哦!

★ 学会观察植物的异常情况，不乱吃生病的、变色的、腐烂的、畸形的、长虫的植物果实，以免引发中毒。

★ 善于分辨益虫和害虫，利用益虫消灭害虫。

★ 学会分辨农田中的野草和杂草，比如稻谷与狗尾巴草，野燕麦与小麦等，并想办法除掉野草和杂草。

141

肯定会惊奇

英国自然历史博物馆昆虫部的一份报告指出，现存昆虫种类超过1000万种，目前还在以每年7000种的速度增加，约有90%被描述。

昆虫是动物界中种类最多、分布最广、适应性最强、群体数量最大的一个类群。昆虫和螨类与植物关系密切，在栽培植物中没有一种不受昆虫危害。

昆虫与人类的关系也很密切，植食昆虫的种类和数量十分可观。我国记载食水稻的昆虫约有300种，食棉花的昆虫已经超过300种。

xiǎo péng you　nǐ zhī dào wēi hài zhí wù de kūn chóng yǒu nǎ xiē ma　gǎn kuài
小朋友，你知道危害植物的昆虫有哪些吗？赶快

zài tú hòu huà shàng　ba
在图后画上"√"吧。

yá chóng
蚜虫

míng chán
鸣蝉

fēi shī
飞虱

huáng chóng
蝗虫

chū xiàn shǔ hài zěn me bàn
出现鼠害怎么办

可怕的灾害

　　小朋友,你见过老鼠吗?鼠害是指鼠类对农业生产造成的危害。老鼠共有1600多种,数量众多,生存能力极强,对农业危害极大,而且影响人体健康。

鼠害的成因

　　鼠类性成熟快,繁殖次数多,孕期短,产仔率高,数量能在短期内急剧增加。它们的适应性很强,除南极大陆外,在世界各地的地面、地下、树上、水中都能生存,平原、高山、森林、草原以及沙漠地区都有其踪迹,会对农业生产造成巨大灾害。

鼠害的后果

鼠类危害对人类生产经济活动造成损失,表现为以下几方面:

★ 鼠类为杂食性动物,农作物从种到收的全过程和农产品储存过程中都可能遭受其害。

★ 鼠类啃咬成树、幼树苗,伤害苗木的根系,影响固沙植树、森林更新和绿化环境。

★ 鼠类啃食牧草,造成草场退化、草场面积缩小,植被被鼠类破坏造成土壤沙化。此外,鼠类还是流行性传染病的潜在宿主,直接威胁着畜牧业的安全;鼠类有终身生长的门齿,咬切力很强,会对农业建筑物和农田水利设施造成很大的危害。

"过街老鼠，人人喊打。"要采取各种方法消灭老鼠，比如：保护和利用老鼠的天敌；利用鼠笼等器械灭鼠；保管好食品，断绝鼠粮；经常打扫和变动物品的位置，发现鼠窝立即捣毁或堵塞等。

知识加油站

★ 不能随便乱吃鼠肉，以免感染病菌，患上疾病。

由于人类大肆捕杀猫头鹰、蛇、狐狸、黄鼬等鼠类的天敌，使鼠害日益严重。在我国，鼠多时高达30亿只，发生鼠害的农田达20万平方千米，每年造成的田间作物损失为粮食50亿千克、棉花1000万千克、甘蔗10万吨，受鼠害损失的粮食超过了全年进口粮食总量。

一只猫头鹰一个夏季可捕食1000只田鼠，相当于保护了一吨粮食。

"一物降一物"，我们对老鼠的天敌要适当保护哦！

xiǎo péng you   nǐ zhī dào lǎo shǔ de wēi hài yǒu nǎ xiē ma   gǎn kuài zài tú

小朋友，你知道老鼠的危害有哪些吗？赶快在图

hòu huà shàng   ba

后画上"√"吧。

出现瘟疫怎么办

chū xiàn wēn yì zěn me bàn

可怕的灾害

xiǎo péng you　　nǐ zhī dào shén me shì wēn yì ma　　wēn yì shì yóu xì jūn
　　小朋友，你知道什么是瘟疫吗？瘟疫是由细菌、

bìng dú děng qiáng liè zhì bìng xìng wēi shēng wù yǐn qǐ de chuán rǎn bìng　cóng gǔ zhì jīn
病毒等强烈致病性微生物引起的传染病，从古至今，

rén lèi zāo yù le wú shù wēn yì　qí zhōng duì rén lèi yǐng xiǎng jù dà de wēn yì zhǔ
人类遭遇了无数瘟疫，其中对人类影响巨大的瘟疫主

yào yǒu　　tiān huā　　fēi diǎn　shǔ yì　　liú gǎn děng
要有：天花、非典、鼠疫、流感等。

瘟疫的成因

xiǎo péng you　　wēn yì yì bān shì zì rán zāi hài fā shēng hòu yóu yú huán jìng wèi
　　小朋友，瘟疫一般是自然灾害发生后由于环境卫

shēng zāng　　luàn ér yǐn qǐ de　　gǔ rén rèn wéi　　wēn yì yì nián sì jì jiē kě fā
生脏、乱而引起的。古人认为，瘟疫一年四季皆可发

shēng　shì yóu yú shí lìng zhī qì bú zhèng cháng　yóu　fēi shí zhī qì　zào chéng de
生，是由于时令之气不正常，由"非时之气"造成的。

· 149 ·

瘟疫的危害

小朋友，你知道瘟疫的危害吗？瘟疫是由细菌、病毒引起的传染病，对人类影响巨大的瘟疫主要有非典、鼠疫、流感、新冠病毒等。其他包括艾滋病、肺结核和疟疾等在内的传染病已成为人类健康的头号杀手，带来的经济损失难以计数。

讲究卫生
jiǎng jiu wèi shēng

小朋友，我们平时要养成讲卫生的好习惯，每天早晚要刷牙，饭前便后要洗手，不吃腐败变质的食物，蔬菜水果要清洗干净，肉食、蔬菜要烹饪熟透再吃，不挑食、偏食，保证营养全面均衡。此外，出门在外要戴上口罩。

运动健身
yùn dòng jiàn shēn

小朋友，每天要坚持运动半小时，跳舞、散步、做操都可以，坚持锻炼身体，增强身体的免疫力。

按时作息
àn shí zuò xī

小朋友，我们的生活要有规律，要劳逸结合，做到早睡早起，不要熬夜。

目前，全世界共有3500万人感染艾滋病病毒，70%的艾滋病病毒携带者生活在非洲撒哈拉以南地区，已有1100万人死于艾滋病，1/3的艾滋病患者最后都死于肺结核。艾滋病每年夺去200万人的生命，同时又有800万人感染，感染者几乎全部集中在发展中国家。

疟疾只需借助蚊子叮咬就可以传染。在非洲，疟疾每年会夺取100万人的生命。

世界卫生组织估计，在发展中国家，艾滋病、肺结核和疟疾3种传染病使各国遭受了巨大损失。在撒哈拉以南的非洲国家，过去35年中仅疟疾一种传染病就使国内生产总值损失了1/3。

xiǎo péng you　　nǐ zhī dào cháng jiàn de chuán rǎn bìng yǒu nǎ xiē ma　　gǎn kuài zài
小朋友，你知道常见的传染病有哪些吗？赶快在

chuán rǎn bìng hòu huà shàng　　ba
传染病后画上"√"吧。

你知道蝴蝶效应吗

"蝴蝶效应"比喻不起眼的一个小动作却能引起一连串的巨大反应。在一个相互联系的系统中，一个很小的初始能量就可能产生一连串的连锁反应，人们又把它称为"多米诺骨牌效应"或"多米诺效应"。"蝴蝶效应"是由美国气象学家爱德华·诺顿·罗伦兹提出的。

西方流传的一首民谣形象地说明了蝴蝶效应：钉子缺，蹄铁卸；蹄铁卸，战马蹶；战马蹶，骑士绝；骑士绝，战事折；战事折，国家灭。意思是：丢失一个钉子，坏了一只蹄铁；坏了一只蹄铁，折了一匹战马；折了一匹战马，伤了一位骑士；伤了一位骑士，输了一场战斗；输了一场战斗，亡了一个帝国。这就是军事和政治领域中的"蝴蝶效应"。

其实，蝴蝶效应的复杂连锁效应每天都可能在我们身上发生，正如心理学家、哲学家威廉·詹姆士所说："播下一个行动，你将收获一种习惯；播下一种习惯，你将收获一种性格；播下一种性格，你将收获一种命运。"

nǐ zhī dào yǔ zhòu fú shè ma
你知道宇宙辐射吗

可怕的灾害

小朋友，你知道什么是宇宙辐射吗？宇宙辐射是一种充满整个宇宙的电磁辐射。宇宙大爆炸学说认为，发生大爆炸时宇宙的温度极高，之后慢慢降温，约150亿年后的现在还残留着3K左右的热辐射。

辐射的成因

小朋友，宇宙辐射是一种源自地球以外自然产生的致电离辐射，由太阳辐射和太阳系以外的银河辐射组成。1948年，美国科学家阿尔弗和赫尔曼预言，宇宙大爆炸产生的残系辐射由于宇宙的膨胀和冷却，如今它所具有的温度约为绝对零度以上5开，或者说5K。绝对零度是－273℃。

辐射致病

高剂量辐射有害。辐射对人体的损伤可分为急性损伤和慢性损伤。急性损伤是人体在短时间内受到大剂量辐射造成的，先出现疲乏、虚弱、恶心呕吐、头痛以及白细胞减少等初期症状，通常延续3～5天后症状减轻或消失呈现好转的假象，一周左右病情又迅速恶化，主要症状有白细胞、血小板剧烈减少，明显贫血、腹泻、便血、黏膜渗血和出血等，持续2～4周，有的经治疗恢复，严重的可能死亡。长期受辐射的人会因辐射剂量累积而发生慢性辐射病，主要症状是白细胞减少、不孕、疲乏无力和虚弱等，但有的人与正常人的差异不明显。慢性辐射病经治疗和脱离辐射环境后均可恢复。

辐射致癌

电离辐射对健康的主要影响是致癌。由于乘坐飞机必定增加暴露于电离辐射的程度，因此患癌症的风险会增加，但这个风险非常小。许多发达国家因自然产生而致死亡的癌症人数占23%，比如：一个人20多年来每两个星期乘坐直航往返于香港与纽约，那么他因癌症死亡的风险会由 23% 上升至 23.11% 和 23.14% 间，这意味着超过正常增加的百分比是0.5%左右，因而大多数人都能接受。

防日晒

小朋友，平时不要长时间在烈日下暴晒，以免晒伤皮肤。夏季出门要打防紫外线辐射的阳伞。

防辐射

小朋友，我们平时在家里应远离打印机、微波炉、电磁炉等电器，少用手机。

我们平时出门要防紫外线辐射，在家要防电磁辐射哦！

重食疗 zhòng shí liáo

小朋友，我们平时要多吃海带、番茄、紫菜、木耳等食物；多喝水，将进入人体内的辐射物质排泄出去。

多运动 duō yùn dòng

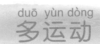

小朋友，我们在休闲时间要到户外散步、健身、玩耍，呼吸新鲜空气，坚持运动，增强体魄，提高免疫力。

重预防 zhòng yù fáng

乘坐飞机时，航天器的舱壁和航天服对空间粒子辐射有一定的屏蔽作用。

我们平时既要通过食疗和运动增强免疫力，又要常吃能排泄辐射物质的食物，这样才更加健康哦！

一般情况下，所有人在海平面高度上都会受到背景辐射，这些辐射来自本地环境、食物、饮品、医疗照射或建筑物料。地球的大气层是地球的屏障，大幅度遮挡了宇宙辐射。乘坐飞机的人可能会接触到比较多的电离辐射，不过接触到的辐射剂量很低，因而风险也非常小。

小朋友，随着电器的普及，电磁辐射无处不在，要减少使用哦。

2014年2月，联盟号宇宙飞船把摇蚊带到了国际空间站。据《俄罗斯之声》报道，俄罗斯和日本的科学家们在联合计划范围内进行了独特试验，他们首次把脱水的蚊子幼虫外置宇宙，然后使它们复活并对其基因进行分析，部分蚊子经受住考验存活了下来，这证明了地球之外存在生命并非神话。

专家说，脱水幼虫完全没有新陈代谢，只能记录基因可能受到的宇宙辐射的损伤。古谢夫说："幼虫成为辐射危险的传感体。例如，火星飞行归来后可以评价蚊子基因受到的损害，从而评价对人飞行的潜在危险性。"

哈哈，如果研究发现人类能抵抗宇宙辐射的损伤，那么，我们就可以进行星际移民啦！

xiǎo péng you　　xiàn zài jiā yòng diàn qì　jìn rù le qiān jiā wàn hù　　wǒ men měi
小朋友，现在家用电器进入了千家万户，我们每

tiān dōu yào jiē chù diàn qì　　huì shòu dào yì xiē diàn cí fú shè　　wǒ men zhī dào
天都要接触电器，会受到一些电磁辐射。我们知道，

guò duō de diàn cí fú shè huì wēi hài rén tǐ jiàn kāng　　nà me　　nǐ zhī dào zěn me
过多的电磁辐射会危害人体健康。那么，你知道怎么

yù fáng fú shè ma　　fáng fú shè de mì jué yǒu nǎ xiē ne　　xià miàn nǎ xiē xiǎo péng
预防辐射吗？防辐射的秘诀有哪些呢？下面哪些小朋

you zuò de duì　　qǐng nǐ jiǎng lì gěi tā men yí miàn xiǎo hóng qí ba
友做得对？请你奖励给他们一面小红旗吧。

出现雾霾怎么办
chū xiàn wù mái zěn me bàn

可怕的灾害

小朋友,你知道什么是雾霾吗?雾霾就是雾和霾,雾是由大量悬浮在近地面空气中的微小水滴或冰晶组成的气溶胶系统;霾又称"灰霾""烟霞",空气中的灰尘、硫酸、硝酸、有机碳氢化合物等粒子能使大气混浊。

雾霾的成因

雾霾的主要成分是二氧化硫、氮氧化物以及可吸入颗粒物,颗粒物是加重雾霾天气污染的罪魁祸首。城市有毒颗粒物来源有:汽车尾气、冬季烧煤产生的废气、工业生产排放的废气、建筑工地和道路交通产生的扬尘等。当空气中的湿度和温度适宜时,细菌和病毒等微生物就会附着在颗粒物特别是油烟颗粒物上,微生物吸收油滴后转化成更多的微生物,使雾霾中的生物有毒物质生长增多。

PM2.5

汽车尾气

工业、供暖废气　交通、建筑扬尘

雾霾的灾害

小朋友，雾霾会造成空气质量下降，影响生态环境，给人体健康带来较大危害：易诱发心血管疾病尤其是心脏病；还会诱发呼吸道疾病，轻则造成鼻炎，重则导致肺部硬化，甚至可能导致肺癌。雾霾天气时，光照严重不足，接近底层的紫外线明显减弱，很难杀死空气中的细菌，使传染病传播的概率大大增加。

雾霾天气时，由于空气质量差，能见度低，容易出现车辆追尾事故，影响交通秩序，对出行造成不便。

此外，雾霾天气对公路、铁路、航空、航运、供电系统、农作物生长等也会产生严重影响。

雾霾的危害可真多啊，不仅会影响人体健康，而且会影响空气质量和交通安全呢！

可以这样做

预防雾霾污染

小朋友，在雾霾天气时居家应减少开窗，最好等太阳出来再开窗通风。此外，要减少出门，外出时一定要戴口罩，不宜在雾霾环境中长时间逗留，从外回家后要清洁皮肤和头发。

注意饮食调养

小朋友，我们平常要饮食清淡，多食用蔬菜水果，保持营养摄入均衡，多食富含抗氧化剂的食物，如富含花青素的葡萄籽、含萝卜硫素的花椰菜、含蕃红素的番茄等，多饮水，适量补充维生素D，这样可预防疾病。

我们平时不仅要保护环境预防雾霾污染，而且要通过食疗来增强免疫力哦！

美国洛杉矶环保部门表示，85%的雾霾来自汽车尾气。当地最大的媒体《洛杉矶时报》最先雇用了一位空气污染专家就雾霾展开调查，得出的结论是空气中的大部分污染物来自汽车尾气中没有燃烧完全的汽油，只有一小部分来自工厂的废气以及焚烧炉。专家说："这是洛杉矶人第一次意识到，原来给他们带来威胁的雾霾就出自心爱的汽车释放出的尾气，他们每个人就是污染源。"东方网2014年2月25日称，美国《环球邮报》报道，雾霾导致人们纷纷购买口罩和空气净化器，北京一家家电商场的空气净化器销量达到平时的3倍。

韩国先驱经济网站说，雾霾开始改变人们的生活习惯，许多人早晨起来做的第一件事是查当天的空气污染指数，以此决定戴不戴口罩，是否开车上班。

如今，雾霾污染已经是全球性问题，期待有朝一日能得到解决。

评选"养生小专家"

小朋友，你知道雾霾吗？你知道预防雾霾的方法吗？请你仔细观察下图，评选出"养生小专家"，并奖励一顶金皇冠吧。

大气污染知多少

小朋友，你知道什么是大气污染吗？大气污染是由于人类活动或自然过程引起某些物质进入大气并达到足够的浓度，危害人体健康或污染环境的现象。

已知有100多种大气污染物能使空气质量变差，包括二氧化碳、氮氧化物、碳氢化物、光化学烟雾和卤族元素等有害气体与粉尘、酸雾、气溶胶等颗粒物。它们来源于工厂排放、汽车尾气、农垦烧荒、森林失火、炊烟、尘土等。

研究表明，大气污染的危害很大，能引发人体呼吸道疾病；导致植物生长不良，抗病抗虫能力减弱甚至死亡；降低能见度，减少太阳辐射，导致佝偻病增加；产生酸雨，使土壤酸化、鱼类减少甚至灭绝。

小朋友，我们要保护环境，从现在做起哦！

你知道“白色污染”吗

白色污染指由农用薄膜、包装用塑料膜、塑料袋和快餐盒的丢弃所造成的环境污染。由于废旧塑料包装物大多呈白色，因此称“白色污染”。

垃圾污染环境，破坏市容、景观，造成“视觉污染”。为了填埋难以降解的垃圾而过多侵占土地，污染空气、水源，影响生态环境，还会传染疾病，存在火灾隐患。

我国是世界上十大塑料制品生产和消费国之一，每年用于白色污染的治理经费高达 1850 万元左右。2007 年 12 月 31 日，我国颁布了“限塑令”，所有超市、商场、集贸市场实行塑料购物袋有偿使用制度。目前，我国正在研究可降解的塑料，以甘蔗秆、稻草为原料生产一次性餐具。

小朋友，我们要做“环保小卫士”，尽量不用塑料袋和一次性餐具哦！

dì qiú shēng tài huán jìng rì yì è huà zī yuán rì yì duǎn quē bǎo hù huán

地球生态环境日益恶化，资源日益短缺，保护环

jìng jiù shì bǎo hù wǒ men zì jǐ bǎo hù huán jìng jié yuē néng yuán jiù néng jiǎn

境就是保护我们自己。保护环境，节约能源，就能减

shǎo zāi hài de fā shēng xiǎo péng you gǎn kuài píng xuǎn chū huán bǎo jié néng xiǎo wèi

少灾害的发生。小朋友，赶快评选出"环保节能小卫

shì bìng jiǎng lì yì dǐng jīn huáng guān ba

士"，并奖励一顶金皇冠吧！

水不是取之不尽、用之不竭的资源，现在淡水资源缺乏是全球性危机。小朋友，我们除了节约用水，还要学会生活用水再利用。

我们提倡反复使用、循环用水，杜绝一次性用水。生活用水再利用有妙招，比如：洗米、煮面的水可以清洗碗筷；洗菜、洗碗的水可以浇花、冲厕所；洗脸、洗澡的水可以冲厕所；洗衣水可用来洗车、擦地板、冲厕所；除湿机收集的水和纯水机、蒸馏水机等净水设备的废水也可以回收再利用。

节约用水要从我做起，从现在做起哦！

遇见沙尘暴怎么办

可怕的灾害

小朋友，你见过沙尘暴吗？

沙尘暴是指强风把地面大量沙尘物质吹起并卷入空中，致使空气特别混浊，水平能见度小于1000米的严重风沙天气现象。其中，沙暴指大风把大量沙粒吹入近地层所形成的挟沙风暴，而尘暴是大风把大量尘埃及其他细颗粒物卷入高空所形成的风暴。

沙尘暴的成因

小朋友，沙尘暴的形成需要3个条件：地面上的沙尘物质、大风和不稳定的空气状态。其中，沙、尘是沙尘暴的物质基础，强风是沙尘暴形成的动力基础，不稳定的热力条件有利于风力加大、强对流发展，从而夹带更多的沙尘，并卷扬得更高。

沙尘暴的危害

小朋友，沙尘暴的危害主要有以下几个方面。

毁坏土壤

我们知道，大风作用于干旱地区疏松的土壤时会将表土刮去一层，不仅刮走土壤中的细小黏土和有机质，还把带来的沙子积在土壤中，使土壤肥力大大降低。此外，大风夹杂沙粒会把建筑物和作物的表面磨去一层，即磨蚀。风速大时，风沙危害主要是风蚀，而在背风凹洼等风速较小的地形下，风沙危害主要是沙埋。

影响农业

大风会影响农业生产，撕毁塑料温室、大棚和农田地膜等。风沙轻则使叶片蒙尘，使光合作用减弱，影响呼吸，降低作物产量；重则苗死花落，毁坏农作物。

小朋友，沙尘暴危害土地和农作物，也影响人们的生活。

毁坏建筑

大风破坏建筑物，沙尘暴会造成房屋倒塌，交通受阻或中断，发生火灾，污染环境，吹倒或拔起树木，刮倒电线杆造成停水停电，给人们的生活造成不便。

危害生命

沙尘暴会危害生命，能够使人、动物受伤甚至死亡，给人类的生命与财产安全带来损失。

小朋友，沙尘暴的危害可真大呀！

保护环境

我们知道，树木可以防沙固土，阻挡大风的侵袭，预防沙尘暴。每年的3月12日是植树节，我们要积极参加植树造林活动，平时也要多植树，照料小树苗，爱护花草树木，不践踏草坪，不攀折树枝。

预防疾病

小朋友，发生强沙尘暴天气时不要出门，尤其是老人、儿童与患有呼吸道过敏性疾病的人。及时关闭门窗，可用胶条密封门窗。妥善安置易受沙尘暴损坏的室外物品。外出时要戴口罩，用纱巾蒙住头，以免沙尘进入眼睛和呼吸道，还应特别注意交通安全。

沙尘暴危害人体健康，皮肤、眼、鼻和肺是最先接触沙尘的部位，受害最重。皮肤、眼、鼻、喉等直接接触部位受到的损害主要有刺激症状和过敏反应，而肺部受到的损害更为严重。

小朋友，肺脏是人体最娇弱的内脏器官，沙尘暴会危害人体健康尤其是肺脏，千万不可忽视哦！

北美洲 欧洲 亚洲

夏威夷

南美洲 非洲

南极洲

肯定会惊奇

澳大利亚《时代报》报道，由于土壤被风蚀而引起的沙尘暴是导致该国200万人哮喘的元凶。

1998年9月，源于哈萨克斯坦的一次沙尘暴经过中国北部广大地区，并将大量沙尘通过高空输送到北美洲。2001年4月，源于蒙古的强沙尘暴掠过太平洋和美国大陆，最终消散在大西洋上空。大范围的沙尘暴在高空形成悬浮颗粒，甚至可以影响天气和气候。

xiǎo péng you　　nǐ rèn shi shā chén bào ma　　nǐ zhī dào shā chén bào duì rén tǐ

小朋友，你认识沙尘暴吗？你知道沙尘暴对人体

de wēi hài ma　　qǐng nǐ guān chá xià tú　　zhǎo chū shā chén bào duì rén tǐ de wēi hài

的危害吗？请你观察下图，找出沙尘暴对人体的危害，

bìng huà shàng

并画上"√"。

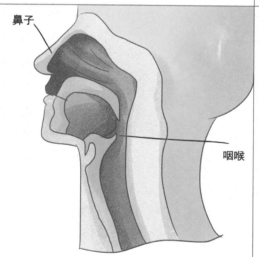

鼻子

咽喉

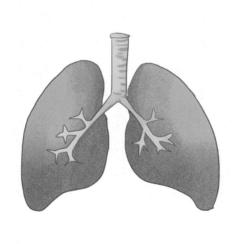

天降酸雨怎么办

可怕的灾害

小朋友，你知道什么是酸雨吗？酸雨是指pH值小于5.6的雨、雪或其他形式的降水。由于雨、雪等在形成和降落过程中，吸收并溶解了空气中的二氧化硫、氮氧化合物等物质，从而形成了pH值低于5.6的酸性降水。

酸雨的成因

酸雨主要是人类人为地向大气中排放大量酸性物质造成的。人们大量使用煤、石油、天然气，燃烧后产生硫氧化物或氮氧化物，在大气中经过复杂的化学反应，形成硫酸或硝酸气溶胶，被云、雨、雪、雾捕捉吸收，降落地面就成酸雨了。

酸雨的危害

小朋友，酸雨的危害可多了：酸雨导致土壤酸化变贫瘠，影响植物正常发育；诱发植物病虫害，使农作物大幅度减产；导致大豆、蔬菜的蛋白质含量和产量下降；危害植物，使叶片失绿变黄并脱落；损坏建筑物，使建筑材料变脏、变黑，影响市容和城市景观。

酸雨还会导致儿童免疫力下降，慢性咽炎、支气管哮喘发病率增加，使老人眼部、呼吸道患病率增加等。

酸雨太恐怖啦！我们要想办法控制酸雨啊！

小朋友，你知道怎么减少酸雨吗？在日常生活中，我们要注意保护环境，应开发氢能、太阳能、水能、潮汐能、地热能等新能源；使用天然气等较清洁能源，少用煤；少开车，多乘坐公共交通工具出行，减少大气污染。在室外可以借助雨伞做适当的防护。

知识加油站

1872年，英国科学家史密斯分析伦敦市雨水成分，发现它呈酸性。他最先在《空气和降雨：化学气候学的开端》中提出"酸雨"一词。由于二氧化硫和氮氧化物的排放量日渐增多，酸雨问题越来越突出。酸雨对人体健康、生态系统和建筑设施都有直接和潜在的危害。中国是仅次于欧洲和北美洲的世界第三大重酸雨区。我国酸雨主要是硫酸型，华中酸雨区、西南酸雨区和华东沿海酸雨区为三大酸雨区。

能毁容的酸性液体

néng huǐ róng de suān xìng yè tǐ

新闻播报！最近要下酸雨啦。

糟糕！下酸雨就不能出门啦。

赶紧去商场购物啊，准备好生活必需品呗。

下酸雨好啊，可以免费喝酸酸的饮料啦。

你就知道吃喝。

醋也是酸酸的味道，可以减肥哦。

酸雨虽然是酸味的，但是不能喝，会危害健康，还会毁容的！

能毁容？别吓唬人啦。

酸雨多为硫酸雨和硝酸雨，硫酸和硝酸都能毁容哦。

据说美国的自由女神像和埃及金字塔前的狮身人面像都已经遭到酸雨的毒手，被腐蚀得面目全非了。

唉，酸雨太恐怖啦！

· 184 ·